EXPÉRIENCES

SUR

L'ÉCOULEMENT DES GAZ EN LONGUES CONDUITES

FAITES

dans les usines de la Compagnie Parisienne d'éclairage et de chauffage par le gaz

PAR ORDRE DE

M. de Gayffier, INGÉNIEUR EN CHEF DES PONTS ET CHAUSSÉES, DIRECTEUR DE LA COMPAGNIE,

ET DE

M. Camus, SOUS-DIRECTEUR,

Par M. **ARSON**
Ingénieur en chef de la Compagnie Parisienne,

et MM. MONARD et HONORÉ
Élèves de l'École centrale des Arts et Manufactures.

EXTRAIT des Mémoires de la Société des Ingénieurs civils.

Ce mémoire a remporté la médaille d'or à la Société des Ingénieurs civils.

PARIS
LIBRAIRIE SCIENTIFIQUE, INDUSTRIELLE ET AGRICOLE
Eugène LACROIX, éditeur
LIBRAIRE DE LA SOCIÉTÉ DES INGÉNIEURS CIVILS
QUAI MALAQUAIS, 15

1867

EXPÉRIENCES

SUR

L'ÉCOULEMENT DES GAZ EN LONGUES CONDUITES

FAITES

dans les usines de la Compagnie Parisienne d'éclairage et de chauffage par le gaz

PAR ORDRE DE

M. de Gayffier, INGÉNIEUR EN CHEF DES PONTS ET CHAUSSÉES, DIRECTEUR DE LA COMPAGNIE,
ET DE M. Camus, SOUS-DIRECTEUR,

Par M. ARSON, Ingénieur en chef de la Compagnie Parisienne,
et MM. MONARD et HONORÉ, Élèves de l'École centrale des Arts et Manufactures.

EXTRAIT des Mémoires de la Société des Ingénieurs civils.

Ce mémoire a remporté la médaille d'or à la Société des ingénieurs civils.

EXPOSÉ.

La connaissance des lois physiques relatives à l'écoulement des gaz dans de longues conduites, présente un intérêt qui va croissant avec le nombre et l'importance des applications.

La distribution du gaz de l'éclairage, par exemple, est devenue une grande question, à cause de la nature du service qu'elle doit assurer et de la proportion des moyens dont elle nécessite l'emploi.

La certitude dans la réalisation des grands projets que pose aujourd'hui cette industrie, est commandée par l'importance des dépenses qu'elle nécessite. Pour l'atteindre avec économie, l'industrie ne possédait encore naguères en dehors des sentiments pratiques qui la guident, que des donnée, théoriques fort incomplètes.

L'envoi du gaz à de grandes distances du lieu de sa production, présente particulièrement un intérêt considérable qu'aucune donnée ne pouvait assurer, la question de l'écoulement du gaz en longues conduites n'ayant pas encore été l'objet d'études précises comme il en a été fait sur l'écoulement de l'eau.

1

Girard avait bien fait connaître, en 1821, les résultats d'expériences faites par lui sur cette question; mais l'emploi qu'il fit de tubes très-petits (des canons de fusils), ne permettait pas de croire que ses résultats fussent applicables à de grosses conduites en fonte brute.

D'Aubuisson, en 1827, avait avancé la question en expérimentant sur des tuyaux de dimension plus grande; mais il n'avait pu apprécier les volumes de gaz écoulés que par le calcul, et la détermination déjà si délicate des pertes de pression par le frottement, pouvait être affectée de toutes les incertitudes qui planent sur la détermination des volumes écoulés et, par conséquent, des vitesses produites.

Dailleurs, d'Aubuisson avait admis que la nature de la surface intérieure du tuyau n'avait pas d'influence sur le trouble qu'elle produit dans le mouvement du gaz; il était donc douteux que ses observations, faites sur des tuyaux en fer blanc de *cinq centimètres de diamètre*, fussent comparables à celles qui étaient à faire sur de grosses conduites en fonte brute.

Dans le précieux ouvrage qu'il a publié en 1843, *Traité de la chaleur considérée dans ses applications*, Péclet a recherché aussi les données qui pouvaient être appliquées avec certitude à la question de l'écoulement des gaz en longues conduites.

Il a rappelé d'abord les travaux de Girard, sur de l'air et sur du gaz d'éclairage. Mais il ne paraît pas s'être arrêté aux conclusions de l'expérimentateur.

Il a rappelé au contraire, avec beaucoup de soin, les travaux exécutés par d'Aubuisson.

Toutefois, exprimant une inquiétude qui témoigne de l'expérience qu'il avait lui-même dans la question, il exprime cette pensée aujourd'hui parfaitement justifiée : que la formule de la vitesse à laquelle s'est arrêté l'auteur *présente quelque incertitude, parce que le coefficient de frottement doit certainement varier avec la nature du tuyau de conduite.*

Il cite même à l'appui de cette opinion la différence observée par Girard qui a été conduit à la détermination du coefficient pour la fonte et pour le fer. Enfin plus loin il ajoute :

Ces circonstances sont importantes à remarquer, car il est probable que les coefficients dépendent de l'état des surfaces.

À défaut d'études plus exactes, les ingénieurs chargés de traiter les grandes questions soulevées par le développement de la distribution du gaz d'éclairage, cherchèrent dans les faits pratiques des renseignements capables de confirmer ou de modifier les chiffres fournis par d'Aubuisson.

M. Mayniel, alors ingénieur de la Compagnie française d'éclairage par le gaz, à Paris, avait observé la perte de pression que subissait le gaz envoyé de l'usine du faubourg Poissonnière à l'administration des postes par une conduite de *deux cent seize millimètres de diamètre*, en fonte, et n'alimentant aucune autre consommation sur son parcours.

Ces données lui avaient permis de déterminer un coefficient fort applicable à la question qui le préoccupait, puisqu'elles étaient tirées des conditions pratiques de l'application elle-même. Elles devaient, en effet, exprimer l'influence de la nature de la surface frottante du tuyau, des coudes qui se présentent à tous les changements de direction, des défauts de raccordement des tuyaux entre eux, de la nature du fluide écoulé, etc.

Le chiffre recueilli dans ces conditions devait être certainement applicable à tous les cas semblables, et il paraissait que la question fût résolue, au moins dans des limites suffisantes pour la pratique.

Il n'en était malheureusement pas ainsi, parce que le frottement du gaz varie avec le diamètre des tuyaux et que le chiffre obtenu par des observations faites sur la conduite de *deux cent seize millimètres*, n'était pas applicable à tous les autres diamètres.

Cette objection ressortit incontestablement d'observations faites sur de grosses conduites partant des usines et pénétrant dans Paris.

La perte de charge fut trouvée beaucoup moindre qu'elle n'avait été constatée dans la conduite de l'hôtel des postes, mais il y avait lieu de remarquer que ces conduites étaient en tôle vernie, et on devait se demander si cet état différent de la surface intérieure n'était pas la cause de la différence dans les pertes de charge observées.

A cette époque, la publication d'un ouvrage spécial, *le Traité de l'éclairage au gaz par Clegg*, traduit en français par un ingénieur de la Compagnie parisienne, M. Servier, vint ajouter encore une raison à l'intérêt que présentait la détermination exacte des pertes de charge qu'éprouvent les gaz qui se meuvent dans de longues conduites. L'auteur anglais réunissait des données recueillies par des observations nombreuses et circonstanciées qui faisaient ressortir tout l'intérêt qui s'attachait à la question, mais qui ne la résolvaient pas.

Toutefois il devenait évident à l'examen attentif de ces chiffres relevés sur des conduites de même nature, en fonte, que le diamètre avait une grande influence sur les pertes de charge.

Ces observations, basées sur les données de l'auteur anglais, ajoutèrent donc un nouvel intérêt à la recherche des pertes de charge éprouvées par les gaz qui se meuvent dans de longues conduites, et déterminèrent l'entreprise de recherches spéciales et complètes qui furent exécutées dans les usines à gaz de la Compagnie parisienne.

EXPÉRIENCES.

MOYENS D'OBSERVATION.

Pour produire dans de longues conduites de gros diamètre un mouvement parfaitement uniforme, et pouvoir constater des pressions constantes pendant un temps donné, il importait d'emprunter le gaz à mettre en mouvement, à une source constante aussi dans son action et relativement indéfinie.

L'emploi d'un gazomètre, fonctionnant comme cause première du mouvement, était donc nécessaire. Cet appareil pouvait, en outre, servir de moyen direct de jaugeage des quantités écoulées, à la condition que ces quantités fussent dans un rapport convenable avec sa capacité et la rectitude de sa marche.

Un gazomètre de *quinze mille mètres cubes de capacité*, nouvellement construit dans l'usine de Saint-Mandé, fut employé tout d'abord à fournir le gaz nécessaire aux expériences et à le mesurer.

Une machine locomobile, actionnant un exhausteur du système Beal, remplissait d'air le gazomètre lorsqu'on avait épuisé son contenu.

Ces expériences, relatives aux conduites de très-gros diamètres, furent faites sur de l'air dont la densité a été déterminée avec soin, par l'observation des températures et des pressions, au moyen d'instruments exacts et précis.

Pour éviter les erreurs d'appréciation qui auraient pu provenir de l'irrégularité dans la marche de la cloche du gazomètre, deux observateurs placés aux extrémités d'un même diamètre, opérant à un signal commun, déterminaient par la moyenne de leurs observations, la course réellement effectuée, de laquelle on devait déduire la dépense.

Les conduites expérimentées étaient posées de niveau sur le sol, en ligne droite et sur la plus grande longueur possible, qui fut de *cent mètres utiles*.

Leur raccordement avec le tuyau de sortie du gazomètre était fait par une portion de conduite non soumise à l'expérience, et la pression initiale n'était observée que dans la partie droite du tuyau, là où les coudes et les changements de direction n'exerçaient plus d'influence appréciable.

Les pressions et les températures de l'air en mouvement étaient observées en trois points de la longueur soumise à l'expérience, au départ, au milieu et à l'extrémité.

C'est dans ces conditions que s'effectuèrent les expériences qui furent faites sur des conduites de *cinquante centimètres et trois cent vingt cinq millimètres de diamètre*. Celles qui furent tentées sur des conduites plus petites ne réussirent pas. Elles étaient entachées bien évidemment d'erreurs, et, suivant toutes les probabilités, c'était à la méthode d'observation du volume écoulé qu'il fallait les attribuer.

Le gazomètre employé pour engendrer le mouvement était de dimension hors de proportion avec la faible dépense correspondant aux petites conduites, et les irrégularités de ses indications exerçaient alors sur les observations une influence qui les rendait inacceptables.

L'époque arriva, d'ailleurs, où les exigences du service obligèrent à la mise en fonction utile du gazomètre de Saint-Mandé, consacré jusque-là aux expériences, et les recherches destinées à compléter le travail commencé, durent s'exécuter l'année suivante à l'usine de la Villette sur un autre gazomètre nouvellement construit, et non encore livré au service de la fabrication.

Ce fut encore à un gazomètre qu'on demanda l'alimentation de l'air nécessaire aux expériences, non seulement parce qu'on avait été satisfait de la fonction remplie par cet appareil à Saint-Mandé, au point de vue de la génération d'un écoulement régulier, mais surtout parce qu'on se proposait d'expérimenter sur le gaz même de l'éclairage qu'il fallait bien emprunter à un gazomètre.

Mais il fallait mesurer le volume écoulé par un autre moyen plus en rapport avec les proportions des conduites à expérimenter. C'est au compteur à gaz qu'on eut recours.

Les compteurs de fabrication peuvent en effet mesurer, par une cubature effective, des volumes relativement considérables, de *mille mètres cubes à l'heure* par exemple.

Pour rendre les appréciations plus exactes et mettre les volumes en rapport avec la sensibilité des compteurs et de leurs cadrans indicateurs, on employa plusieurs compteurs de dimensions différentes et de puissance convenablement proportionnée à l'importance de l'écoulement expérimenté.

L'air ou le gaz fourni par un gazomètre, parcourait d'abord la conduite en expérience, puis sortait par le compteur qui en exprimait le volume.

Un baromètre de précision, des thermomètres sensibles et la montre à secondes, furent encore employés pour les diverses observations à faire.

Les conduites jointoyées au plomb, étaient soigneusement observées pendant la durée des expériences; leur étanchéité était constatée à l'aide de l'eau de savon promenée sur les joints, alors qu'elles étaient en fonction.

Les pressions furent constatées avec des instruments qui demandent une description spéciale.

Ces appareils, dus à M. Brunt, habile fabricant de compteurs à gaz, se prêtent à la mesure de pressions ne différant que par des *centièmes de millimètre* de hauteur d'eau. Ils se composent (PL. 4), d'une cloche flottante, dont le simple déplacement exprime déjà en hauteur d'eau les différences de pression par des hauteurs trois fois plus considérables !

Une crémaillère montée sur la cloche, conduit une grande roue dentée dont l'axe porte une aiguille qui indique sur un premier cadran, et d'une façon déjà très-appréciable, à cause de la multiplication due aux proportion de cette cloche, *les centimètres parcourus*. Cette grande roue met ensuite en mouvement un pignon dont l'axe porte une seconde aiguille marquant sur un cadran, *les centièmes de millimètre de hauteur d'eau*.

La perfection d'exécution de ces appareils est telle que le jeu des engrenages n'affecte les indications que de quelques centièmes de millimètre de hauteur d'eau, et encore faut-il pour cela qu'il y ait renversement dans le sens des indications.

On peut donc dire avec vérité que les pressions mesurées par des *centièmes de millimètre* de hauteur d'eau ont été rendues sensibles et mesurables.

Ces appareils portent d'ailleurs, sur leur face, des manomètres ordinaires, en tubes de gros diamètre, permettant de comparer les indications du multiplicateur avec celles qui sont exprimées par la pression elle-même sans emploi d'aucun intermédiaire. Ce moyen de vérification appliqué dans une grande étendue qui rendait négligeable les erreurs d'appréciation, a permis de contrôler la parfaite exactitude du multiplicateur et d'admettre sans réserve le bénéfice de sa sensibilité.

La cloche de cet appareil est faite dans une seule feuille de métal laminé; elle est donc très-régulière de diamètre, et offre bien à toute hauteur l'égalité de section si nécessaire à l'exactitude des indications de l'appareil.

A la Villette comme à Saint-Mandé, les conduites en expériences étaient posées en ligne droite, sur un terrain parfaitement nivelé, et permettant de dresser sans coude ni déviation des conduites de *trois cents mètres de longueur*.

Le raccordement avec le gazomètre générateur était d'ailleurs fait, comme à Saint-Mandé, par une canalisation non soumise aux observations et dont la position n'avait aucune relation obligée avec celle qui fournissait matière aux expériences.

Les observations sur l'écoulement dans des tuyaux de gros diamètres furent encore faites sur de l'air; mais celles qui furent exécutées sur les tuyaux de *quatre-vingt-un* et *cinquante millimètres* de diamètre furent répétées sur le gaz alimentant la ville. C'est ainsi qu'a pu être confirmée la loi de proportionnalité de la densité qui entre dans l'expression de la perte de charge par le frottement.

L'ensemble de ces dispositions, si logique qu'il parût, pouvait cependant ne pas répondre à toutes les exigences, ou omettre quelque particularité importante qui eût motivé des regrets.

Avant de le mette en œuvre, il parut utile de le soumettre au jugement des membres de la Société des ingénieurs civils. Il fut, en effet, l'objet d'observations qui commandèrent certaines études préalables. Les recherches faites alors eurent d'abord le mérite d'aplanir les difficultés soulevées, ne laissant debout aucune objection qui put infirmer la valeur des résultats qui allaient être obtenus, et aussi, de confirmer par des observations directes un principe d'hydrodynamique évident par lui-même, sans doute, mais intéressant à justifier par expérience.

Voici l'objection faite aux procédés d'expérimentation projetés :

Lorsqu'on applique sur la paroi d'une conduite le branchement d'un manomètre, on observe une pression qui n'est peut être pas celle qu'il convient d'attribuer à tous les filets du liquide ou du fluide qui s'écoule dans la section transversale correspondante.

Il arrive, en effet, disait-on à l'appui de cette observation, que lorsqu'on introduit un tube manométrique dans l'intérieur d'un tuyau, tout en le maintenant perpendiculaire à l'axe, la pression exprimée par le manomètre change avec la pénétration du tube abducteur.

Puisqu'il y a indication de plusieurs pressions dans le faisceau de filets qui s'écoulent, quelle est celle qu'il convient d'attribuer à l'ensemble ? Cela même est-il possible à faire ?

Cette objection paraissait capitale ; elle demandait dans tous les cas un examen qui la levât, avant que les expériences pussent être continuées.

Si elle était fondée, il devenait nécessaire en effet de changer la méthode d'observation. Il fallait, par exemple, faire partir le gaz de l'état de repos et le ramener à l'état de repos, en le faisant passer d'un grand réservoir dans un autre. Il fallait par conséquent introduire dans la question les embarras résultant d'une méthode aussi compliquée. Les incertitudes qui peuvent exister encore sur la détermination des vitesses à l'origine, l'action tout à fait inconnue des coudes, devenaient autant de difficultés sérieuses dans les appréciations à faire et, fatalement, des causes d'erreurs.

Il importait d'éviter de semblables complications, et il était, par conséquent, désirable de justifier pratiquement la solidité du principe qui admet que des filets fluides qui s'écoulent avec des mouvements *rectilignes, parallèles* et *uniformes*, sont nécessairement sous des *pressions égales, quelles que soient d'ailleurs les vitesses dont chacun d'eux est animé* (M. Belanger).

Voici le raisonnement qui conduisit à la solution de ces difficultés.

Si ce principe est vrai et si cependant le manomètre, employé comme il vient d'être dit, accuse des pressions différentes, c'est que l'opération est viciée par une cause étrangère ; or, elle se pratique en introduisant perpendiculairement dans la conduite le tube adducteur du manomètre ; c'est donc là que doit être la faute.

Il devait se passer dans ce cas quelque chose de semblable à ce qui se produit sur le tube de Dubuat, lorsqu'on l'introduit verticalement dans un liquide en mouvement. En effet, on remarque dans ce cas, que le niveau de l'eau dans le tube s'abaisse au-dessous du niveau général.

Si la comparaison était juste, la cause perturbatrice devait être la même, et il devait suffire de la faire cesser pour faire disparaître l'infidélité des indications.

Or, M. Belanger attribue l'inexactitude des indications du tube de Dubuat à la déviation que les filets éprouvent à leur rencontre avec le tuyau, déviation qni les contraint de décrire un mouvement curviligne au-dessous de l'orifice de ce tuyau sur lequel ils n'exercent pas par conséquent une pression correspondante à celle qui règne dans toute la section horizontale correspondante. Si donc on réussissait à empêcher la déviation devant l'orifice du tuyau, on devait retrouver la pression propre à la couche liquide ou fluide considérée.

Le problème ainsi posé, la solution était indiquée et l'expérimentation facile.

Il suffisait en effet de terminer le tube manométrique par un disque plat et mince qui put isoler les filets passant devant son orifice des filets contournant sa tige, et soustraire les uns à l'influence des autres sans introduire d'ailleurs d'action perturbatrice dans le mouvement commun.

L'essai fut fait et il confirma complétement les déductions théoriques qui précèdent.

Un tube garni à son extrémité d'un disque mince de cinquante millimètres de diamètre fut introduit dans un tuyau de cinq cents millimètres où la vitesse moyenne de l'air dépassait douze mètres par seconde, et la pression qu'il indiqua dans toutes les couches, fut identiquement la même.

Le manomètre sensible décrit précédemment et employé pour rechercher les très-faibles différences de pression qui auraient pu se produire et échapper à l'attention des observateurs, constata l'égalité la plus absolue. Ses indications étaient d'ailleurs sensibles, puisque changé de place, suivant l'axe du tuyau, il révéla immédiatement des différences de pression de quelques centièmes de millimètres de hauteur d'eau.

Il y a plus, l'essai fait avec un branchement manométrique semblable au précédent mais dégarni d'ajutage fut pratiqué dans les mêmes conditions, et il indiqua immédiatement des différences de pression rendues très-sensibles par l'emploi du même appareil multiplicateur.

Il était donc bien établi que le manomètre placé sur la paroi d'une conduite, de manière à ne faire apparaître à l'intérieur aucune saillie capable de troubler le mouvement, fournissait des indications aussi exactes de la pression qu'il est désirable de les observer, et que cette pression est bien celle de toute la section transversale.

Si on considère en outre qu'entre deux points extrêmes d'une conduite horizontale et rectiligne, aucune autre cause que le frottement de la paroi ne peut modifier le mouvement, il était parfaitement établi qu'on pouvait attribuer à cette seule cause les perturbations introduites dans le phénomène.

Rien donc n'arrêtait plus l'exécution des expériences projetées à l'usine de la Villette suivant le programme arrêté; elles furent exécutées.

Pour réduire autant que possible l'influence des variations de température, les expériences n'ont pas été faites par les jours d'été où le soleil exerçait sur les tuyaux placés hors du sol une action trop sensible. Quelques chiffres recueillis dans ces conditions ont été écartés.

Dans toutes les observations considérées comme réussies et conservées, la température du gaz écoulé a été constante pendant la durée de l'observation.

Il est donc vrai de dire, en ce qui concerne l'influence de cette cause sur le changement de volume du gaz, qu'il était soumis pendant l'écoulement aux conséquences de la loi de Mariotte, et c'est là, on le sait, l'hypothèse faite par M. Belanger. Rien donc ne pouvait nuire à la justesse de son application.

CHOIX DES FORMULES.

Les premiers essais faits à Saint-Mandé, sur des conduites de gros diamètres, n'intéressant pas une étendue suffisante du phénomène, pouvaient être exprimés assez exactement par la formule qu'employa d'Aubuisson :

$$Q = K \sqrt{\frac{\overline{H} D^5}{L \delta}}.$$

Le coefficient K devait seulement être déterminé par l'expérience.

Les expériences faites à la Villette, sur des conduites de petits diamètres, démontrèrent qu'il n'était pas possible d'en relier les résultats avec les précédents par cette formule, et, si intéressant qu'il fut de la conserver à cause de sa simplicité et de la confiance qu'elle avait commandée jusque-là, il fallut l'abandonner.

La formule, plus complète, qui contient l'expression du frottement en fonction du premier et du second degré de la vitesse moyenne

$$(au + bu^2)$$

fut au contraire et très-exactement satisfaite par les données de l'observation.

Les valeurs de a et de b restèrent encore variables avec les diamètres et durent être déterminées pour chacun d'eux, mais elles furent trouvées constantes pour un même diamètre avec toutes les vitesses, et celles-ci furent poussées jusqu'à douze mètres par seconde.

Enfin, les valeurs successives de ces coëfficients a et b n'éprouvèrent d'un diamètre à l'autre que des variations régulières qui permirent de tracer des courbes suivies, qui, si elles ne sont pas susceptibles d'être interprétées par une expression simple, peuvent au moins être considérées comme s'en approchant beaucoup. Cette obligation de maintenir dans la formule générale le terme exprimant la résistance due au frottement des parois, en fonction de la première et de la seconde puissance de la vitesse, ne présenta pas d'ailleurs de difficulté.

La théorie de cette question exposée par M. Belanger dans son cours de mécanique, reste complétement applicable à la seule condition de conserver sans simplification l'expression de la résistance due au frottement.

Il s'exprime ainsi :

Du mouvement permanent des gaz dans les tuyaux cylindriques.

« Nous supposerons pour simplifier la question que le mouvement a lieu par tranches parallèles.

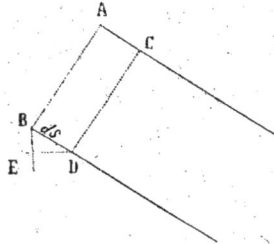

« Soit une portion de fluide comprise entre deux sections AB, CD, dont l'intervalle infiniment petit ds est parcouru dans le temps dt.

« Les pressions totales sur les faces AB, CD, étant ΩP et Ω (P $+ d$P), la différence de niveau BE étant dz, et le poids du gaz par mètre cube sous la pression P étant π, il ne reste, pour appliquer le principe du mouvement du centre de gravité, qu'à tenir compte de la résistance longitudinale du tuyau.

« Par analogie avec ce qui a lieu pour les liquides, on est conduit à considérer cette force comme proportionnelle : 1° à la surface du contact χds; 2° à une fonction du second degré de la vitesse moyenne.

« De plus, on a reconnu qu'elle est proportionnelle à la densité du gaz; de sorte que cette force serait exprimée par :

$$\pi \chi ds\ (au + bu^2).$$

Il vient d'être dit que l'expérience a démontré que cette expression de la résistance doit être conservée sans simplification; mais les données mêmes du problème permettent de supprimer les complications algébriques qui sont relatives au changement de niveau. Poursuivant donc la solution de la question dans ces termes et toujours en suivant M. Belanger, c'est-à-dire en partant de l'équation qui exprime que l'accroissement de la quantité de mouvement est égale à la somme des impulsions des forces, on écrit :

$$m \frac{du}{dt} = - \Omega d\mathrm{P} - \pi\chi \left(au + bu^2\right) ds,$$

« remplaçant m par sa valeur

$$\frac{\pi\Omega u dt}{g} \quad \text{ou} \quad \frac{\pi\Omega ds}{g};$$

« puis enfin

$$\pi \text{ par } \frac{\mathrm{P}}{\mathrm{K}} \text{ et } \frac{\chi}{\Omega} \text{ par } \frac{4}{\mathrm{D}};$$

« le diamètre de la conduite étant D, la formule devient :

$$\frac{u du}{g} = - \frac{\mathrm{K} d\mathrm{P}}{\mathrm{P}} - \frac{4}{\mathrm{D}} \left(au + bu^2\right) ds.$$

« Les variables u et P ont entre elles une relation simple. Le poids $\pi\Omega u$ ou $\dfrac{\mathrm{P}\Omega u}{\mathrm{K}}$, dépensé par seconde, est constant; et puisque K et Ω sont invariables dans l'étendue de la conduite, il s'ensuit que Pu est constant.

« Soit donc :

$$\mathrm{P}u = \mathrm{K}',$$

« on en conclura :

$$u = \frac{\mathrm{K}'}{\mathrm{P}}; \quad \text{et} \quad du = - \frac{\mathrm{K}' d\mathrm{P}}{\mathrm{P}^2},$$

« et, en substituant ces expressions dans l'équation,

$$\frac{\mathrm{K}'^2 d\mathrm{P}}{g\mathrm{P}} = \mathrm{K} d\mathrm{P} + \frac{4}{\mathrm{D}} b\mathrm{K}'^2 ds + \frac{4}{\mathrm{D}} a\mathrm{K}'\mathrm{P} ds.$$

« Le seul terme Pds n'est pas immédiatement intégrable, parce que la valeur de la pression P varie dans la longueur de la conduite. Mais, comme la pression P varie d'une quantité peu considérable par rapport à ses valeurs extrêmes, on fera une erreur très-peu sensible, si à la variable P on substitue la moyenne arithmétique entre ses valeurs P_0 et P_1 prises aux deux extrémités de la conduite. »

(On peut encore justifier cette solution, en faisant remarquer que le produit Pds est constant, puisque le volume correspondant à ds est en raison inverse de la pression P.)

« En intégrant dans cette hypothèse la dernière équation, en désignant par L la longueur de la conduite, on obtient :

$$2,3026 \frac{\overline{\mathrm{K}'^2}}{g} \left(\log \mathrm{P}_1 - \log \mathrm{P}_0\right) = \frac{\mathrm{K}}{2} \left(\mathrm{P}_1{}^2 - \mathrm{P}_0{}^2\right) + \frac{4b\overline{\mathrm{K}'^2}\mathrm{L}}{\mathrm{D}} + \frac{4}{\mathrm{D}} a\mathrm{K}'\mathrm{L} \frac{\mathrm{P}_0 + \mathrm{P}_1}{2},$$

d'où, en remplaçant K' par sa valeur $P_1 u_1$ dans laquelle la pression P_1 et la vitesse u_1 sont celles qui ont lieu à l'extrémité d'aval ou de sortie, on conclut aisément :

$$\frac{u_1^{\,2}}{2g}\left(\frac{8bgL}{D} + 4,6052 \log \frac{P_0}{P_1}\right)= \frac{K}{2}\left[\left(\frac{P_0}{P_1}\right)^2 - 1\right]- \frac{4L}{D}\,au_1\,\frac{P_0 + P_1}{2P_1}, \quad (8)$$

« formule dans laquelle

$$K = \frac{10334}{1,293} \times \frac{(1 + at)}{\delta} = \frac{7955}{\delta}(1 + at). \text{ »}$$

En résolvant par rapport à u_0, ce qui se fait en remplaçant K' par $P_0 u_0$, on arrive à une expression qui est dans un rapport plus direct avec les valeurs observées des volumes dans le gazomètre.

$$\frac{u_0^{\,2}}{2g}\left(\frac{8bgL}{D} + 4,6052 \log \frac{P_0}{P_1}\right)= \frac{K}{2}\left[1 - \left(\frac{P_1}{P_0}\right)^2\right]- \frac{4L}{D}\,au_0\,\frac{P_0 + P_1}{2P_0}. \quad (8\,bis)$$

Si, pour faciliter le raisonnement, on représente, savoir :

$$\frac{\overline{u_0^{\,2}}}{2g}\frac{8bgL}{D} \quad \ldots \ldots \ldots \ldots \quad \text{par } Ab,$$

$$\frac{4L}{D}\,au_0\,\frac{P_0 + P_1}{2P_0} \quad \ldots \ldots \ldots \quad \text{par } Ba,$$

$$\frac{\overline{u_0^{\,2}}}{2g}\,4,6052 \log \frac{P_0}{P_1} \quad \ldots \ldots \quad \text{par } C,$$

$$\frac{K}{2}\left[1 - \left(\frac{P_1}{P_0}\right)^2\right] \quad \ldots \ldots \quad \text{par } D,$$

la formule (8 *bis*) devient :

$$Ab + Ba + C = D.$$
$$Ab + Ba \qquad = D - C = E. \qquad (9)$$

Pour une autre expérience sur le même diamètre, on aurait :

$$A'b + B'a = E'. \qquad (10)$$

De la formule (9) on tire :

$$a = \frac{E - Ab}{B}; \qquad (11)$$

remplaçant a par sa valeur dans la formule (10), on trouve :

$$b = \frac{E'B - B'E}{A'B - B'A}.$$

Dans cette dernière formule, tout est connu ; on peut donc en déduire la valeur de b et par une substitution dans la formule (11) celle de a. C'est ainsi qu'ont été calculées les valeurs consignées au tableau suivant :

Diamètre de la conduite.	Nombre des expériences.	Valeur de a.	Valeur de b.	Nature de la conduite.
mètr.				
0.500	27	0.000020	0.000246	Fonte.
0.325	31	0.000151	0.000326	—
0.254	4	0.000237	0.000359	—
0.103	7	0.000560	0.000480	—
0.081	10	0.000589	0.000489	—
0.050	5	0 000702	0.000595	—
0.050	4	0.000738	0.000345	Fer blanc.

Si on trace avec ces valeurs des courbes, en portant les diamètres en abcisses et les valeurs de a et de b en ordonnées (PL. 2), on constate que ces courbes ont des inflexions très-régulières, qui, si elles ne se prêtent pas à une expression géométrique simple, permettent au moins de faire avec assez de certitude l''interpolation nécessaire à la production de valeurs intermédiaires.

C'est ainsi qu'ont pû être déterminées avec une exactitude suffisante, les valeurs des coefficients a et b, applicables aux conduites de diamètres non expérimentés, notamment celles de 0m,600 et 0m,700 de diamètre.

Il importe de remarquer, d'ailleurs, que ces coéfficients ont été déterminés pour des tuyaux en fonte, de longueurs ordinaires, assemblés par pénétration dans des emboitures ; tels enfin, qu'on les trouve dans le commerce.

Il est probable que d'autres conditions de longueur ou d'assemblage des tuyaux feraient varier la résistance que ces causes introduisent dans l'écoulement. La surface intérieure de la matière du tuyau exerce, dans tous les cas, une influence incontestable sur le frottement que le gaz éprouve à son contact et tout changement dans cet état aura nécessairement une grande influence sur la perte de charge.

Une expérience spéciale a été faite à ce sujet dans des tuyaux en fer-blanc de *cinq centimètres de diamètre;* elle avait d'ailleurs aussi pour but de rattacher les expériences faites par d'Aubuisson à celles qui venaient d'être exécutées et qui accusaient des résistances plus grandes.

Ce qui a été trouvé montre l'influence considérable de ces différences de conditions.

Dans l'exposé qu'il fait, d'Aubuisson ne dit pas comment étaient assemblés les tuyaux qu'il a expérimentés. Pour ne pas introduire de cause d'erreur dans les résultats, on s'est appliqué à réaliser le plus exactement possible le diamètre indiqué, et, pour cette raison, on a réuni les tuyaux en fer-blanc avec des viroles extérieures qui ont permis de maintenir ceux-ci au diamètre exact et continu.

Des observations, dans des conditions égales de diamètres, de longueur de tuyaux et de vitesses du fluide, ont été faites sur des conduites en fonte de fabrication ordinaire.

Ces deux séries d'observations ont reproduit les résultats observés et rapportés par d'Aubuisson, tout en confirmant ceux qui ressortaient des expériences nouvelles faites sur la fonte.

L'influence de la surface sur le frottement des gaz est donc établie d'une manière incontestable.

Voici les résultats trouvés :

	Coefficient a.	Coefficient b
Fonte	0,000702	0,000593
Fer-blanc	0,000738	0,000345

Ils ont pour conséquence de réduire la perte de charge dans le fer blanc aux *deux tiers* de la valeur qu'elle atteint dans la fonte.

TABLES.

La pratique des choses industrielles éloigne tellement des méthodes compliquées que la possession d'une formule, si exacte qu'elle soit, devient presque une chose inutile.

D'ailleurs, les tâtonnements auxquels elle condamne inévitablement, font perdre un temps précieux et conduisent trop généralement à l'abandon.

Une table calculée à l'avance, fournissant sans travail, et surtout sans exposer à des erreurs, toutes les solutions possibles, est certainement la seule expression sous laquelle une formule aussi compliquée que celle qui est relative à l'écoulement du gaz puisse se faire accepter.

C'est pour ces raisons, sans doute, que les lois de l'écoulement des liquides ont fait naître la rédaction des tables qui sont devenues d'un usage général. Il fallait donc, pour utiliser les résultats obtenus pour l'écoulement du gaz, des tables semblables.

Pour faire ce travail, il importait de simplifier autant que possible la formule à appliquer. On remarqua alors qu'en considérant le gaz comme inextensible, la formule se simplifiait beaucoup. Cette hypothèse fut admise; voici d'ailleurs la mesure de l'erreur qu'elle introduit dans le calcul et qu'il est possible d'admettre généralement. En calculant séparément la perte de charge fournie par chacune des méthodes pour de l'air s'écoulant avec une vitesse de *cinq mètres*, dans une conduite de *cinquante centimètres* de diamètre et de *mille mètres* de longueur ; ou, pour plus de simplicité dans les calculs, en déterminant la longueur correspondant, dans chaque hypothèse, à une vitesse de *cinq mètres* et à une perte de charge de $0^m,0274$, on trouve :

Par la formule rigoureuse. . . . .   993 mètres
Par les tables. . . . .   1000 mètres

La simplification de la formule rigoureuse, dans ces limites, est donc pour la plupart des applications, tout à fait justifiée.

Voici d'ailleurs ce que devient l'équation (8) lorsqu'on y fait disparaître le terme dû à l'élasticité des gaz.

$$\frac{4L}{D} \, bu^2 = \frac{K}{2} \left[1 - \left(\frac{P_1}{P_0} \right)^2 \right] - \frac{4L}{D} \, au \frac{P_0 + P_1}{2P_0} ,$$

ou en posant :

$$P_1 = P_0 - p.$$

$$\frac{4L}{D} \, bu^2 = \frac{K}{2} \left[\frac{2p}{P_0} - \frac{p^2}{P_0^2} \right] - \frac{4L}{D} \, au \left(1 - \frac{p}{2P_0} \right) ;$$

et en remarquant que les termes $\frac{p^2}{P_0^2}$ et $\frac{p}{2P_0}$ sont très-petits par rapport aux termes positifs dont ils doivent être retranchés, on peut sans erreur appréciable réduire la formule à

$$\frac{4L}{D} \, (au + bu^2) = \frac{Kp}{P_0} ,$$

d'où :
$$p = \frac{4L}{D} \, \pi \, (au + bu^2), \tag{13}$$

dans laquelle π représente le poids du fluide qui s'écoule.

C'est au moyen de cette formule (13) qu'ont été calculées les pertes de charge des tables ci-jointes.

Dans la confection de ces tables on s'est donné *les volumes* à écouler, on en a déduit *la vitesse*, puis *la perte de charge*.

Celle-ci a été calculée pour l'air de densité égale à l'unité et pour le gaz propre à l'éclairage auquel il a été attribué une densité égale à 0,41 de celle de l'air. Ce chiffre est d'ailleurs la moyenne de douze observations faites sur le gaz de fabrication ordinaire, livré à la consommation.

Enfin, les tables ont été dressées pour un écoulement ayant lieu dans une conduite de *mille mètres* de longueur, et les pertes de charge, correspondantes à toute autre étendue, seront obtenues par un calcul proportionnel.

ÉTUDE
SUR L'ÉCOULEMENT DES GAZ
EN LONGUES CONDUITES

EXPÉRIENCES FAITES
AUX USINES DE SAINT-MANDÉ ET DE LA VILLETTE

1863-1864

Expériences du 5 novembre 1863. — Diamètre, 0m,250. — Conduite en fonte. — Longueur de la conduite, 268 mètres.

N°S des expériences	HEURES des observations	DURÉES des expériences	RELEVÉS du compteur en mètres cubes	VOLUMES écoulés V (Totaux)	VOLUMES écoulés V par 1"	VOLUMES écoulés Vo par 1"	VITESSES moyennes Uo en mètres par 1"	TEMPÉRATURES T_0 (à l'origine)	TEMPÉRATURES T_1 (à la fin)	moyennes $\frac{T_0+T_1}{2}$	HAUTEURS à l'origine	HAUTEURS à la fin	PERTES de charges en hauteur d'eau	température du baromètre	coefficient de correction	hauteurs lues en mercure	HAUTEURS transformées en eau	POIDS du fluide qui s'écoule en kilog.	PERTES de charge, ramené à 0° et 0m,76	OBSERVATIONS
8	3.30		871					14			0.1350	0.0737		12.5						
	3.35		971					13.7	12.5		0.1350	0.0738		12.4						
	3.40	15"	1076	300	0.33333	0.3321	6.554	13.7		13.1	0.1354	0.0738	0.0616	12.4	13.56545	0.7695	10.4386	1.258	0.0632	
	3.45		1171								0.1350	0.0730		12.4						
9	4.00		1248					13.7			0.1090	0.0600		12.3						
	4.05		1335					13.5	12.5		0.1104	0.0604		12						
	4.10	15"	1421	259	0.28777	0.2850	5.626	13.5		13	0.1103	0.0609	0.0495	12	13.56643	0.7695	10.4392	1.256	0.0509	
	4.15		1507								0.1106	0.0609								
10	4.20		1547					13.2			0.0583	0.0325		12						
	4.25		1598					13	12.5		0.0584	0.0326								
	4.30	15"	1647	145	0.16111	0.1605	3.168	13		12.7	0.0584	0.0329	0.0257		13.56643	0.7693	10.4396	1.253	0.0265	
	4.35		1692								0.0584	0.0328								
11	4.40		1723					13			0.0260	0.0167		12						
	4.45		1751								0.0260	0.0168								
	4.50	15"	1775	88	0.09777	0.09777	1.029		12.5	12.7	0.0255	0.0167	0.0090		13.56643	0.7693	10.4366	1.256	0.0093	
	4.55		1811								0.0255	0.0165								
12	5.00		1844					13			0.0919	0.0495		11.5						
	5.05		1900						11.5		0.0920	0.0518								
		15"	1953	164	0.18222	0.1816	3.585			12.2	0.0921	0.0505	0.0415		13.56765	0.7693	10.4356	1.258	0.0426	Expériences faites avec de l'air.
			2008								0.0921	0.0505								

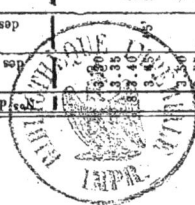

2

Expériences du 2 novembre 1863. — Diamètre, 0m,103. — Conduite en fonte. — Longueur de la conduite, 286 mètrs.

Nos des expériences	Heures des observations	Durées des expériences	Relevés du compteur en mètres cubes	VOLUMES V écoulés en mètres cubes. Totaux.	par 1''.	VOLUMES du compteur en mètres cubes	VITESSES moyennes U0, en mètre cubes par 1''.	TEMPÉRATURES à l'orig. T0	à la fin. T1	moyennes (T0+T1)/2	HAUTEURS à l'origine.	à la fin.	PERTES de charges en hauteur, d'eau et en mètre.	TEMPÉRATURE du baromètre.	COEFFICIENTS de correction.	HAUTEURS lues en mercure.	HAUTEURS transformées en eau.	POIDS du fluide qui s'écoule en kilog.	PERTES de charge, le fluide ramené à 0°, et à la pression 0m.76 en mètres.	OBSERVATIONS. Expériences faites avec de l'air.
1	3.30	20'	9870.7	28.1	0.0234	0.02334	2.790	11.5	9	10.2	0.1186	0.0098	0.4096	9.5	13.57256	0.7414	10.0627	1.221	0.1160	
	3.35		9878								0.1182	0.0080		»		»				
	3.40		9886.8								0.1180	0.0080		»		»				
	3.45		9895.2								0.1176	0.0084		»		»				
	3.50		9899.8								0.1180	0.0084		»						
2	4.00	10'	9903.5	8	0.0133	0.01334	1.602	10.5	8	9	0.0420	0.0070	0.0344	8.5	13.57577	0.7412	10.0623	1.222	0.0364	
	4.05		9907.0					10	8		0.0405	0.0059		8		»				
	4.10		9911.5					10	7.5		0.0405	0.0070		8		»				

Expériences du 3 novembre 1863. — Diamètre, 0^m,103. — Conduite en fonte. — Longueur de la conduite, 268 mètres.

N^os des expériences	HEURES des observations	DURÉES des expériences	RELEVÉS du compteur en mètres cubes	VOLUMES écoulés V en mètres cubes (Totaux)	VOLUMES écoulés V en mètres cubes (par 1'')	VOLUMES écoulés V0 en mètres cubes par 1''	VITESSE moyennes Ũ0 en mètres cubes par 1''	T0 à l'origine	T1 à la fin	moyennes (T0+T1)/2	HAUTEURS à l'origine	HAUTEURS à la fin	PENTES de charges en hauteur d'eau en mètre	TEMPÉRATURE du baromètre	COEFFICIENT de corrections	HAUTEURS lues en mercure	HAUTEURS transformées en eau	POIDS du fluide qui s'écoule en kilog.	PENTES de charge, le fluide ramené à 0°, et à la pression 0m.76 en mètres	OBSERVATIONS
3	10.54	14'	9932	28	0.0333	0.0330	3.961	11.5	10	10.5	0.1416	0.0090	0.1322	9.5	13.57256	0.7612	10.3314	1.253	0.1363	Expériences faites avec de l'air.
	10.55		9940					»	9.5		0.1413	0.0092		»	»	»	»			
	11.00		9951.7					»	9.5		0.1412	0.0090		»	»	»	»			
	11.05		9960								0.1410	0.0092								
4	11.10	15'	9968.7	24.3	0.027	0.02685	3.223	11.5	9.5	10.5	0.1003	0.0070	0.0924	9.4	13.57294	0.7612	10.2316	1.251	0.0955	
	11.15		9976.4					»	»		0.0992	0.0071		»	»	»	»			
	11.20		9984.5					»	»		0.0997	0.0080		»	»	»	»			
	11.25		9993								0.1005	0.0080								
5	11.30	15'	9999.9	16.9	0.01877	0.01877	2.248	14.5	9.5	10.6	0.0630	0.0065	0.0564	9.5	13.57256	0.7612	10.3314	1.248	0.0589	
	11.35		10005.6					»	9.5		0.0630	0.0064		»	»	»	»			
	11.40		10011.0					»	9.8		0.0635	0.0064		»	»	»	»			
	11.45		10016.8						10		0.0635	0.0080								
6	11.50	15'	10019.4	8.4	0.00933	0.00933	1.120	11.5	10	10.7	0.0293	0.0050	0.0247	9.5	13.57256	0.7612	10.3314	1.246	0.0256	
	11.55		10022.0					»	»		0.0300	0.0052		»	»	»	»			
	12.00		10025.5					»	»		0.0310	0.0035		»	»	»	»			
	12.05		10027.8								0.0295	0.0054								
7	12.10	15'	10033.6	20.3	0.02255	0.02245	2.695	11.5	10	10.7	0.0776	0.0064	0.0708	9.5	13.57256	0.7612	10.3314	1.249	0.0733	
	12.15		10040.2					»	»		0.0778	0.0064		»	»	»	»			
	12.20		10047.0					»	»		0.0780	0.0070		»	»	»	»			
	12.25		10053.9								0.0775	0.0060								

Expériences du 14 mars 1864. — Diamètre, 0m.081. — Conduite en fonte. — Longueur de la conduite, 113 mètres.

Nos des expériences	MINUTES des observations	DURÉES des expériences	RELEVÉS du compteur en mètres cubes	VOLUMES écoulés V — Totaux, par 1"	VOLUMES écoulés Vo par 1"	VITESSES moyennes Uo par 1"	T0 à l'origine	T1 à la fin	moyenne $\frac{T_0+T_1}{2}$	HAUTEURS à l'origine	HAUTEURS à la fin	PERTES de charges en hauteur d'eau	TEMPÉRATURE du baromètre	COEFFICIENTS de correction	HAUTEURS lues en mercure	HAUTEURS transformées en eau	Poids du fluide qui s'écoule en kilog.	Pertes de charge, le fluide ramené à 0f. et à la pression 0m.76 en mètres
18	2.05		2.400				11	12.5		0.0990	0.0663		13	13.56398	0.7654			
	2.10		8.700				10.7	»		0.0990	0.0605		»	»	»			
	2.15	15'	14.800	19.400	0.020444	0.020331	3.945	10.5	»	11.6	0.0891	0.0664	0.0326	»	»	»	10.3819	0.509	0.0233
	2.20		20.800					10.5	»		0.0890	0.0664		»	»	»			
19	2.25		3.600				11.5	13.2		0.0451	0.0428		13	13.56398	0.7654			
	2.30		4.320				11.5	»		0.0452	0.0424		»	»	»			
	2.35	15'	5.240	2.220	0.002366	0.002359	0.477	11.7	»	12.4	0.0455	0.0424	0.0028	»	»	»	10.3819	0.506	0.0029
	2.40		5.820					11.7	»		0.0454	0.0426		»	»	»			
20	2.45		0.430				11	13		0.0615	0.0512		13.5	13.56278	0.7653			
	2.50		4.800				11	»		0.0615	0.0508		»	»	»			
	2.55	15'	7.700	10.870	0.012077	0.012027	2.334	11	»	12.1	0.0615	0.0508	0.0104	13.5	»	»	10.3796	0.507	0.0105
	3.00		11.300					11.7	»		0.0609	0.0503		»	»	»			
21	3.05		1.600				11.3	13		0.0510	0.0456		13	13.56278	0.7653			
	3.10		3.730				»	»		0.0508	0.0458		»	»	»			
	3.15	15'	5.980	6.400	0.007111	0.007083	1.374	12	»	12.1	0.0508	0.0450	0.0053	»	»	»	10.3796	0.507	0.0056
	3.20		8.000					12	»		0.0508	0.0454		»	»	»			
22	3.25		1.320				12	13.2		0.0461	0.0430		13	13.56398	0.7650			
	3.30		2.260				12	»		0.0463	0.0431		»	»	»			
	3.35	15'	3.200	2.840	0.003155	0.003146	0.610	11.7	»	12.5	0.0456	0.0429	0.0029	»	»	»	10.3764	0.504	0.0030
	3.40		4.160						»		0.0457	0.0430		»	»	»			

OBSERVATIONS. — Expériences faites avec du gaz d'éclairage, d'une densité égale à 0.407 de celle de l'air à 0°, et sous la pression 0,75.

Expériences du 18 mars 1864. — Diamètre, 0ᵐ.081. — Conduite en fonte. — Longueur de la conduite, 113 mètres.

Nᵒˢ des expériences.	HEURES des observations.	DURÉES des expériences.	RELEVÉS du compteur en mètres cubes.	VOLUMES écoulés V en mètres cubes. Totaux.	VOLUMES écoulés V par 1''.	VOLUMES écoulés Vo en mètres cubes par 1''.	VITESSES moyennes Uo en mètres par 1''.	TEMPÉRATURES à l'origine T_0	à la fin T	moyennes $\frac{T_0+T}{2}$	HAUTEURS à l'origine.	à la fin.	PERTES de charges en hauteur d'eau et en mètre	OBS. BAROM. température du baromètre.	coefficients de correction.	hauteurs lues en mercure.	hauteurs transformées en eau.	POIDS du fluide qui s'écoule en kilog.	PERTES de charge, le fluide ramené à 0f. et à la pression 0ᵐ,76 en mètres.	OBSERVATIONS.
23	1.55		3.200					16	11		0.0480	0.0433		15.5		0.7526				Expériences faites avec du gaz d'éclairage, d'une densité de 0.407 de celle de l'air à 0°, et sous la pression 0.76.
	2.00		5.240					»	»		0.0480	0.0430		»		»				
	2.05	15'	7.300	6.100	0.006777	0.006715	1.303	»	»	13.5	0.0480	0.0431	0.048	»	13.55783	»	10.2036	0.496	0.0050	
	2.10		9.300					»	»		0.0475	0.0430		»		»				
24	2.15		4.400					14	11		0.0665	0.0528		14.8		0.7523				
	2.20		6.600					14	»		0.0661	0.0530		»		»				
	2.25	15'	10.100	13.080	0.014530	0.014548	2.804	13.5	»	12.4	0.0662	0.0526	0.134	»	13.55957	»	10.2008	0.498	0.0141	
	2.30		14.480					13.5	»		0.0660	0.0528		»		»				
25	2.35		1.480					14	11		0.0503	0.0444		14.8		0.7523				
	2.40		4.080					»	»		0.0500	0.0442		»		»				
	2.45	15'	6.600	7.720	0.008577	0.008528	1.655	»	»	12.5	0.0501	0.0444	0.057	»	13.55957	»	10.2008	0.498	0.0050	
	2.50		9.200					»	»		0.0501	0.0448		»		»				
26	3.00		3.120					17	11.5		0.0440	0.0406		14.8		0.7523				
	3.05		4.520					»	»		0.0439	0.0408		»		»				
	3.10	15'	5.700	3.760	0.004177	0.004136	0.802	»	»	14.2	0.0438	0.0408	0.030	»	13.55957	»	10.2008	0.494	0.0032	
	3.15		6.880					»	»		0.0434	0.0408		»		»				
27	3.20		0.640					14	11.5		0.0470	0.0424		14.5		0.7522				
	3.25		2.620					14	»		0.0470	0.0422		»		»				
	3.30	15'	4.660	6.020	0.006688	0.006647	1.290	13	»	12.5	0.0474	0.0423	0.048	»	13.56030	»	10.2000	0.498	0.0050	
	3.35		6.660					13	»		0.0469	0.0425		»		»				

Expériences du 23 mars 1864. — Diamètre, 0ᵐ,050. — Conduite en fonte. — Longueur de la conduite, 113 mètres.

Nos des expériences	HEURES des observations	DURÉES des expériences	RELEVÉS du compteur en mètres cubes	VOLUMES écoulés V en mètres cubes Totaux	VOLUMES écoulés V par 1"	VOLUMES écoulés Vo en mètres cubes par 1"	VITESSES moyennes Uo en mètres par 1"	TEMPÉRATURES à l'origine T₀	TEMPÉRATURES à la fin T₁	TEMPÉRATURES moyennes (T₀+T₁)/2	HAUTEURS à l'origine	HAUTEURS à la fin	PERTES de charges en hauteur d'eau et en mètres	TEMPÉRATURE du baromètre	COEFFICIENTS de correction	HAUTEURS lues en mercure	HAUTEURS transformées en eau	POIDS du fluide qui s'écoule en kilog.	PERTES de charge, le fluide ramené à 0° et à la pression 0ᵐ76 en mètres	OBSERVATIONS
28	2.20 2.25 2.30 2.35	15'	1.840 4.240 6.640 9.040	7.240	0.008044	0.008051	4.100	15.5 15.5 15 15	13.5 13.5 13.2 13.2	14.3	8.1040 8.1035 8.1041 8.1037	0.0448 0.0446 0.0446 0.0446	0.0592	15	13.55908	0.7593	10.2005	6.496	0.0626	Expériences faites avec du gaz d'éclairage ayant une densité de 0.407 de celle de l'air à 0°, et sous la pression 0.76.
29	2.40 2.45 2.50 2.55	15'	2.800 4.240 5.660 7.100	4.300	0.004777	0.004784	2.437	14.5 14.7 14.7 14.7	13.2	13.5	0.0656 0.0645 0.0645 0.0650	0.0410 0.0409 0.0410 0.0404	0.0241	15	13.55908	0.7593	10.2005	6.497	0.0256	
30	3.00 3.05 3.10 3.15	15'	1.600 4.260 6.880 9.560	7.960	0.008844	0.008806	4.485	14 14 13.5 13.5	13	13.3	0.1150 0.1142 0.1149 0.1152	0.0456 0.0458 0.045× 0.0452	0.0692	14.8	13.55908	0.7593	10.2005	6.496	0.0730	
31	3.20 3.25 3.30 3.35	15'	3.760 5.540 7.320 9.100	5.340	0.005933	0.005924	3.017	13.5	13	13.2	0.0750 0.0755 0.0759 0.0764	0.0416 0.0417 0.0417 0.0424	0.0339	14.5	13.55957	0.7593	10.2008	6.496	0.0358	
32	3.40 3.45 3.50 3.55	15'	3.060 5.140 7.200 9.300	6.240	0.006933	0.006915	3.532	13.5	13	13.2	0.0880 0.0878 0.0876 0.0870	0.0636 0.0432 0.0432 0.0428	0.0444	14.5	13.56030	0.7593	10.2014	6.495	0.0469	

Expériences du 10 mai 1864. — Diamètre, 0m.030. — Conduite en fer-blanc. — Longueur de la conduite, 50 mètres.

Nos des expériences.	HEURES des observations.	DURÉES des expériences.	RELEVÉS du compteur en mètres cubes.	VOLUMES V écoulés en mètres cubes. Totaux.	par 1".	VOLUMES écoulés Vo en mètres cubes par 1".	VITESSES moyennes, Uo en mètres par 1".	TEMPÉRATURES à l'origine T0	à la fin T1	moyennes (T0+T1)/2	HAUTEURS à l'origine.	à la fin.	PERTES de charges en hauteur d'eau et en mètres.	TEMPÉRATURE du baromètre.	COEFFICIENTS de correction.	HAUTEURS lues en mercure.	HAUTEURS transformées en eau.	POIDS du fluide qui s'écoule en kilog.	PERTES de charge, le fluide ramené à 0f, et à la pression 0m.76 en mètres.	OBSERVATIONS.
33	4.10		2.440								0.0765	0.0506		11.5						Expériences faites sur une conduite en fer-blanc avec du gaz d'éclairage, d'une densité de 0.407 de celle de l'air à 0°, et sous la pression 0.76.
	4.15		5.520					13.5	13	13.2	0.0766	0.0505		»						
	4.20	15'	8.560	9.160	0.010177	0.010141	5.465	»	»	»	0.0767	0.0506	0.0261	»	13.56765	0.7564	10.2625	0.500	0.0274	
	1.25	15'	11.600					»	»	»	0.0768	0.0507		»						
34	4.30		2.280					»	»	»	0.0642	0.0470		12						
	4.35		5.540					»	»	»	0.0644	0.0471		»						
	4.40	15'	7.040	7.240	0.008044	0.008021	4.085	»	»	»	0.0630	0.0471	0.0176	»	13.56643	0.7564	10.2616	0.499	0.0185	
	4.45		9.520					»	»	»	0.0652	0.0470		»						
35	4.50		3.720					»	»	»	0.0522	0.0428		11.8						
	4.55		5.000					»	»	»	0.0522	0.0428		»						
	5.00	15'	6.480	4.280	0.004755	0.004746	2.417	»	»	»	0.0522	0.0426	0.0096	»	13.56892	0.7363	10.2606	0.499	0.0100	
	2.05		8.000					»	»	»	0.0514	0.0422		»						
36	2.12		1.740					»	»	»	0.0459	0.0410		11.5						
	2.18		2.540					»	»	»	0.0464	0.0410		»						
	2.22	15'	3.240	2.360	0.002622	0.002618	1.333	»	»	»	0.0463	0.0410	0.0053	»	13.56765	0.7363	10.2612	0.499	0.0053	
	2.27	15'	4.100					»	»	»	0.0465	0.0411		»						

ÉCOULEMENT DES GAZ

TABLEAUX DES PERTES DE CHARGE

DANS DES CONDUITES EN FONTE

à la température de 0° pour 1000 mètres de longueur, et sous la pression de 0ᵐ.76 de hauteur de mercure, ou 10ᵐ.334 de hauteur d'eau.

Ces tables ont été calculées au moyen de la formule :

$$H = \frac{4L}{D} \times \frac{1.293 \times \delta}{1000} \, (au + bu^2)$$

donnant dans les limites relatives à la distribution du gaz, des résultats qui diffèrent très-peu de ceux que fournirait la formule rigoureuse :

$$\frac{U_0^2}{2g} \left(\frac{8\,b\,g\,L}{D} + 4.6052 \log \frac{P^0}{P^1} \right) = \frac{10.334\,(1 + \alpha t)}{2 \times 1.293 \times \delta} \left[1 - \left(\frac{P^1}{P_0} \right)^2 \right] - \frac{4L}{D} \, auo \, \frac{P_0 + P_1}{2\,P_0}.$$

NOTA : Pour du gaz à la température moyenne du sol (12°), il faudrait multiplier les chiffres des pertes de charge par 0.96.

Diamètre = 0ᵐ.050.   Section = 0ᵐ.001963.   Coefficient a = 0.000702.   Coefficient b = 0.000593.

VOLUMES écoulés en mètres cubes.		VOLUMES en pieds cubes anglais	VITESSES moyennes en mètres	PERTES DE CHARGE pour 1000ᵐ de longueur en mètres de hauteur d'eau.	
par 1"	par heure.	par 1"	par 1"	AIR.	GAZ.
1	2	3	4	5	6
0.0005	1.800	0.0176	0.254	0.0223	0.0091
0.0010	3.600	0.0353	0.509	0.0528	0.0216
0.0015	5.400	0.0529	0.764	0.0912	0.0374
0.0020	7.200	0.0706	1.018	0.1374	0.0563
0.0025	9.000	0.0883	1.273	0.1917	0.0786
0.0030	10.800	0.1059	1.528	0.2541	0.1041
0.0035	12.600	0.1236	1.782	0.3220	0.1328
0.0040	14.400	0.1412	2.037	0.4023	0.1649
0.0045	16.200	0.1589	2.292	0.4882	0.2001
0.0050	18.000	0.1766	2.546	0.5823	0.2287
0.0055	19.800	0.1942	2.801	0.6845	0.2806
0.0060	21.600	0.2119	3.055	0.7943	0.3257
0.0065	23.400	0.2295	3.310	0.9123	0.3740
0.0070	25.200	0.2472	3.565	1.0383	0.4257
0.0075	27.000	0.2648	3.819	1.1717	0.4804
0.0080	28.800	0.2825	4.074	1.3137	0.5386
0.0085	30.600	0.3002	4.329	1.4637	0.6001
0.0090	32.400	0.3178	4.584	1.6217	0.6649
0.0095	34.200	0.3355	4.838	1.7865	0.7324
0.0100	36.000	0.3532	5.093	1.9607	0.8038
0.0105	37.800	0.3708	5.347	2.1418	0.8781
0.0110	39.600	0.3885	5.602	2.3317	0.9560
0.0115	41.400	0.4061	5.857	2.5291	1.0369
0.0120	43.200	0.4238	6.111	2.7343	1.1210
0.0125	45.000	0.4414	6.366	2.9480	1.2086
0.0130	46.800	0.4591	6.620	3.1687	1.2092
0.0135	48.600	0.4768	6.876	3.3993	1.3937
0.0140	50.400	0.4944	7.130	3.6359	1.4907
0.0145	52.200	0.5121	7.384	3.8804	1.5909
0.0150	54.000	0.5297	7.639	4.1340	1.6349

Diamètre = 0m.034.   Section = 0.0002290.   Coefficient a = 0.000682.   Coefficient b = 0.000675.

VOLUMES écoulés en mètres cubes		VOLUMES en pieds cubes anglais	VITESSES moyennes en mètres	PERTES DE CHARGE pour 1000m de longueur en mètres de hauteur d'eau.	
par 1"	par heure.	par 1"	par 1"	AIR.	GAZ.
1	2	3	4	5	6
0.0005	1.800	0.0176	0.218	0.0167	0.0068
0.0010	3.600	0.0353	0.436	0.0387	0.0158
0.0015	5.400	0.0529	0.655	0.0661	0.0271
0.0020	7.200	0.0706	0.873	0.0986	0.0404
0.0025	9.000	0.0883	1.091	0.1363	0.0559
0.0030	10.800	0.1059	1.310	0.1795	0.0735
0.0035	12.600	0.1236	1.528	0.2272	0.0931
0.0040	14.800	0.1412	1.746	0.2811	0.1152
0.0045	16.200	0.1589	1.965	0.3400	0.1394
0.0050	18.000	0.1766	2.183	0.4039	0.1656
0.0055	19.800	0.1942	2.402	0.4734	0.1943
0.0060	21.600	0.2119	2.620	0.5478	0.2246
0.0065	23.400	0.2295	2.838	0.6274	0.2572
0.0070	25.200	0.2472	3.056	0.7122	0.2920
0.0075	27.000	0.2648	3.275	0.8027	0.3291

VOLUMES écoulés en mètres cubes		VOLUMES en pieds cubes anglais	VITESSES moyennes en mètres	PERTES DE CHARGE pour 1000m de longueur en mètres de hauteur d'eau.	
par 1"	par heure.	par 1"	par 1"	AIR.	GAZ.
1	2	3	4	5	6
0.0080	28.800	0.2825	3.493	0.8980	0.3681
0.0085	30.600	0.3002	3.712	0.9991	0.4096
0.0090	32.400	0.3178	3.930	1.1046	0.4528
0.0095	34.200	0.3355	4.148	1.2156	0.4983
0.0100	36.000	0.3532	4.366	1.3321	0.5461
0.0105	37.800	0.3708	4.585	1.4541	0.5961
0.0110	39.600	0.3885	4.803	1.5810	0.6482
0.0115	41.409	0.4061	5.022	1.7135	0.7025
0.0120	43.200	0.4238	5.240	1.8507	0.7587
0.0125	45.000	0.4414	5.485	1.9931	0.8171
0.0130	46.800	0.4591	5.677	2.1415	0.8780
0.0135	48.600	0.4768	5.895	2.2944	0.9407
0.0140	50.400	0.4944	6.113	2.4526	1.0055
0.0145	52.200	0.5121	6.332	2.6165	1.0727
0.0150	54.000	0.5297	6.550	2.7852	1.1419

Diamètre = 0ᵐ.081. Section = 0ᵐᵓ.005153. Coefficient a = 0ᵐ.000389. Coefficient b = 0ᵐ.000480.

VOLUMES écoulés en mètres cubes		VOLUMES en pieds cubes anglais	VITESSES moyennes en mètres	PERTES DE CHARGE pour 1000ᵐ de longueur en mètres de hauteur d'eau	
par 1"	par heure.	par 1"	par 1"	AIR.	GAZ.
1	2	3	4	3	6
0.001	3.6	0.035	0.194	0.0083	0.0034
0.002	7.2	0.070	0.388	0.0192	0.0078
0.003	10.8	0.105	0.582	0.0324	0.0133
0.004	14.4	0.141	0.776	0.0479	0.0196
0.005	18.0	0.176	0.970	0.0658	0.0269
0.006	21.6	0.212	1.164	0.0860	0.0352
0.007	25.2	0.247	1.358	0.1085	0.0445
0.008	28.8	0.282	1.552	0.1336	0.0547
0.009	32.4	0.318	1.746	0.1607	0.0658
0.010	36.0	0.353	1.940	0.1903	0.0780
0.011	39.6	0.388	2.134	0.2223	0.0911
0.012	43.2	0.424	2.328	0.2566	0.1052
0.013	46.8	0.459	2.522	0.2932	0.1202
0.014	50.4	0.494	2.716	0.3322	0.1362
0.015	54.0	0.530	2.910	0.3736	0.1532
0.016	57.6	0.565	3.105	0.4187	0.1717
0.017	61.2	0.600	3.299	0.4636	0.1900
0.018	64.8	0.636	3.493	0.5120	0.2099
0.019	68.4	0.671	3.687	0.5627	0.2307
0.020	72.0	0.706	3.881	0.6158	0.2524

VOLUMES écoulés en mètres cubes.		VOLUMES en pieds cubes anglais	VITESSES moyennes en mètres	PERTES DE CHARGE par 1000ᵐ de longueur en mètres de hauteur d'eau.	
par 1"	par heure.	par 1"	par 1"	AIR.	GAZ.
1	2	3	4	3	6
0.021	75.6	0.742	4.075	0.6711	0.2751
0.022	79.2	0.777	4.269	0.7290	0.2989
0.023	82.8	0.812	4.463	0.7891	0.3235
0.024	86.4	0.848	4.657	0.8517	0.3492
0.025	90.0	0.883	4.851	0.9165	0.3757
0.026	93.6	0.918	5.045	0.9837	0.4033
0.027	97.2	0.953	5.239	1.0533	0.4318
0.028	100.8	0.989	5.434	1.1256	0.4615
0.029	104.4	1.024	5.627	1.1994	0.4917
0.030	108.0	1.059	5.822	1.2761	0.5232
0.031	111.6	1.095	6.016	1.3534	0.5557
0.032	115.2	1.130	6.210	1.4366	0.5890
0.033	118.8	1.165	6.404	1.5203	0.6233
0.034	122.4	1.201	6.598	1.5963	0.6545
0.035	126.0	1.236	6.792	1.6946	0.6948
0.036	129.6	1.271	6.986	1.7853	0.7319
0.037	133.2	1.307	7.180	1.8784	0.7701
0.038	136.8	1.342	7.374	1.9737	0.8092
0.039	140.4	1.377	7.568	2.0715	0.8493
0.040	144.0	1.413	7.762	2.1716	0.8904

Diamètre = 0m.100. Section 0m.007853. Coefficient a = 0m.000350. Coefficient b = 0m.000475.

VOLUMES écoulés en mètres cubes		VOLUMES en pieds cubes anglais	VITESSES moyennes en mètres	PERTES DE CHARGE pour 1900m de longueur en mètres de hauteur d'eau.	
par 1"	par heure.	par 1"	par 1"	AIR.	GAZ.
1	2	3	4	5	6
0.001	3.6	0.035	0.127	0.0040	0.0016
0.002	7.2	0.071	0.254	0.0088	0.0036
0.003	10.8	0.106	0.382	0.0143	0.0058
0.004	14.4	0.141	0.509	0.0208	0.0085
0.005	18.0	0.176	0.636	0.0280	0.0115
0.006	21.6	0.212	0.763	0.0360	0.0147
0.007	25.2	0.247	0.891	0.0447	0.0183
0.008	28.8	0.282	1.018	0.0544	0.0223
0.009	32.4	0.318	1.145	0.0647	0.0265
0.010	36.0	0.353	1.273	0.0759	0.0311
0.011	39.6	0.388	1.400	0.0879	0.0360
0.012	43.2	0.424	1.528	0.1005	0.0412
0.013	46.8	0.459	1.655	0.1142	0.0468
0.014	50.4	0.494	1.782	0.1285	0.0527
0.015	54.0	0.530	1.909	0.1436	0.0588
0.016	57.6	0.565	2.036	0.1595	0.0654
0.017	61.2	0.600	2.164	0.1764	0.0723
0.018	64.8	0.636	2.290	0.1937	0.0794
0.019	68.4	0.671	2.419	0.2123	0.0870
0.020	72.0	0.706	2.546	0.2313	0.0948
0.021	75.6	0.742	2.674	0.2513	0.1030
0.022	79.2	0.777	2.800	0.2718	0.1114
0.023	82.8	0.812	2.928	0.2917	0.1196
0.024	86.4	0.848	3.056	0.3158	0.1294
0.025	90.0	0.883	3.182	0.3387	0.1388
0.026	93.6	0.918	3.310	0.3627	0.1487
0.027	97.2	0.953	3.435	0.3869	0.1586

VOLUMES écoulés en mètres cubes.		VOLUMES en pieds cubes anglais	VITESSES moyennes en mètres	PERTES DE CHARGE pour 1000m de longueur en mètres de hauteur d'eau.	
par 1"	par heure.	par 1"	par 1"	AIR.	GAZ.
1	2	3	4	5	6
0.028	100.8	0.989	3.564	0.4137	0.1696
0.029	104.4	1.024	3.692	0.4391	0.1800
0.030	108.0	1.059	3.819	0.4661	0.1911
0.031	111.6	1.095	3.947	0.4941	0.2025
0.032	115.2	1.130	4.072	0.5225	0.2142
0.033	118.8	1.165	4.200	0.5518	0.2262
0.034	122.4	1.201	4.328	0.5822	0.2387
0.035	126.0	1.236	4.456	0.6134	0.2515
0.036	129.6	1.271	4.580	0.6444	0.2642
0.037	133.2	1.307	4.711	0.6779	0.2779
0.038	136.8	1.342	4.838	0.7113	0.2916
0.039	140.4	1.377	4.965	0.7454	0.3056
0.040	144.0	1.413	5.092	0.7803	0.3199
0.041	147.6	1.448	5.220	0.8163	0.3346
0.042	151.2	1.483	5.348	0.8531	0.3497
0.043	154.8	1.519	5.475	0.8903	0.3650
0.044	158.4	1.554	5.600	0.9279	0.3804
0.045	162.0	1.589	5.729	0.9659	0.3960
0.046	165.6	1.625	5.856	1.0043	0.4117
0.047	169.2	1.660	5.984	1.0478	0.4296
0.048	172.8	1.695	6.112	1.0893	0.4466
0.049	176.4	1.730	6.239	1.1314	0.4638
0.050	180.0	1.766	6.365	1.1738	0.4812
0.055	198.0	1.942	7.003	1.4009	0.5743
0.060	216.0	2.119	7.630	1.6438	0.6739
0.065	234.0	2.296	8.277	1.9141	0.7847
0.070	252.0	2.472	8.910	2.1989	0.9015

Diamètre = 0m.108. Section = 0m².009160. Coefficient a = 0m.000530. Coefficient b = 0m.000460.

VOLUMES écoulés en mètres cubes		VOLUMES en pieds cubes anglais	VITESSES moyennes en mètres	PERTES DE CHARGE pour 1000m de longueur en mètres de hauteur d'eau	
par 1"	par heure.	par 1"	par 1"	AIR.	GAZ.
1	2	3	4	5	6
0.001	3.6	0.035	0.109	0.0030	0.0012
0.002	7.2	0.071	0.218	0.0065	0.0026
0.003	10.8	0.106	0.327	0.0104	0.0042
0.004	14.4	0.141	0.436	0.0150	0.0061
0.005	18.0	0.176	0.545	0.0201	0.0082
0.006	21.6	0.212	0.655	0.0257	0.0105
0.007	25.2	0.247	0.764	0.0319	0.0130
0.008	28.8	0.282	0.873	0.0385	0.0157
0.009	32.4	0.318	0.982	0.0457	0.0187
0.010	36.0	0.353	1.091	0.0535	0.0219
0.011	39.6	0.388	1.200	0.0617	0.0253
0.012	43.2	0.424	1.309	0.0707	0.0289
0.013	46.8	0.459	1.419	0.0797	0.0326
0.014	50.4	0.494	1.528	0.0895	0.0366
0.015	54.0	0.530	1.637	0.0998	0.0409
0.016	57.6	0.565	1.746	0.1110	0.0455
0.017	61.2	0.600	1.855	0.1227	0.0503
0.018	64.8	0.636	1.964	0.1343	0.0550
0.019	68.4	0.671	2.074	0.1464	0.0600
0.020	72.0	0.706	2.183	0.1593	0.0653
0.021	75.6	0.742	2.292	0.1728	0.0708
0.022	79.2	0.777	2.400	0.1867	0.0765
0.023	82.8	0.812	2.510	0.2013	0.0825
0.024	86.4	0.848	2.619	0.2168	0.0888
0.025	90.0	0.883	2.729	0.2330	0.0955
0.026	93.6	0.918	2.838	0.2481	0.1018
0.027	97.2	0.953	2.947	0.2647	0.1085
0.028	100.8	0.989	3.056	0.2817	0.1154
0.029	104.4	1.024	3.165	0.2995	0.1227
0.030	108.0	1.059	3.274	0.3176	0.1302
0.031	111.6	1.095	3.383	0.3362	0.1378
0.032	115.2	1.130	3.492	0.3555	0.1457
0.033	118.8	1.165	3.600	0.3752	0.1538
0.034	122.4	1.201	3.710	0.3955	0.1621
0.035	126.0	1.236	3.820	0.4162	0.1706
0.036	129.6	1.271	3.928	0.4376	0.1794
0.037	133.2	1.307	4.039	0.4596	0.1884
0.038	136.8	1.342	4.148	0.4822	0.1977
0.039	140.4	1.377	4.257	0.5051	0.2071
0.040	144.0	1.413	4.366	0.5284	0.2166
0.041	147.6	1.448	4.475	0.5523	0.2264
0.042	151.2	1.483	4.584	0.5768	9.2365
0.043	154.8	1.519	4.694	0.6025	0.2470
0.044	158.4	1.554	4.800	0.6288	0.2578
0.045	162.0	1.589	4.910	0.6542	0.2682
0.046	165.6	1.625	5.021	0.6801	0.2788
0.047	169.2	1.660	5.130	0.7070	0.2898
0.048	172.8	1.695	5.238	0.7345	0.3011
0.049	176.4	1.730	5.348	0.7630	0.3128
0.050	180.0	1.766	5.458	0.7919	0.3246
0.055	198.0	1.942	6.004	0.9431	0.3866
0.060	216.0	2.119	6.550	1.1075	0.4540
0.065	234.0	2.296	7.096	1.2851	0.5269
0.070	252.0	2.472	7.640	1.4751	0.6047

Diamètre = 0m.133. Section = 0m.01313. Coefficient a = 0m.000470. Coefficient b = 0m.000442.

VOLUMES écoulés en mètres de hauteur d'eau		VOLUMES en pieds cubes anglais par 1"	VITESSES moyennes en mètres par 1"	PERTES DE CHARGE pour 1000m de longueur en mètres de hauteur d'eau	
par 1" (f)	par heure (2)	(3)	(4)	AIR (5)	GAZ (6)
0.001	3.6	0.035	0.069	0.0013	0.0005
0.002	7.2	0.071	0.139	0.0028	0.0011
0.003	10.8	0.106	0.209	0.0045	0.0018
0.004	14.4	0.141	0.279	0.0063	0.0026
0.005	18.0	0.176	0.349	0.0083	0.0034
0.006	21.6	0.212	0.419	0.0104	0.0042
0.007	25.2	0.247	0.489	0.0127	0.0052
0.008	28.8	0.282	0.559	0.0152	0.0062
0.009	32.4	0.318	0.626	0.0179	0.0073
0.010	36.0	0.353	0.698	0.0208	0.0085
0.011	39.6	0.388	0.768	0.0237	0.0097
0.012	43.2	0.424	0.838	0.0269	0.0110
0.013	46.8	0.459	0.908	0.0302	0.0123
0.014	50.4	0.495	0.978	0.0337	0.0138
0.015	54.0	0.530	1.048	0.0374	0.0153
0.016	57.6	0.565	1.118	0.0412	0.0169
0.017	61.2	0.600	1.187	0.0451	0.0185
0.018	64.8	0.636	1.257	0.0493	0.0202
0.019	68.4	0.671	1.327	0.0535	0.0219
0.020	72.0	0.706	1.397	0.0581	0.0238
0.022	79.2	0.777	1.537	0.0675	0.0276
0.024	86.4	0.848	1.676	0.0774	0.0317
0.026	93.6	0.918	1.816	0.0883	0.0362
0.028	100.8	0.989	1.956	0.0998	0.0409
0.030	108.0	1.059	2.096	0.1118	0.0458
0.032	115.2	1.130	2.236	0.1247	0.0511
0.034	122.4	1.201	2.375	0.1378	0.0565

VOLUMES écoulés en mètres cubes		VOLUMES en pieds cubes anglais par 1"	VITESSES moyennes en mètres par 1"	PERTES DE CHARGE pour 1000m de longueur en mètres de hauteur d'eau	
par 1" (1)	par heure (2)	(3)	(4)	AIR (5)	GAZ (6)
0.036	129.6	1.271	2.515	0.5421	0.0623
0.038	136.8	1.342	2.655	0.1676	0.0684
0.040	144.0	1.413	2.794	0.1823	0.0747
0.042	151.2	1.483	2.934	0.1981	0.0812
0.044	158.4	1.554	3.074	0.2152	0.0882
0.046	165.6	1.625	3.214	0.2323	0.0952
0.048	172.8	1.695	3.353	0.2503	0.1026
0.050	180.0	1.766	3.493	0.2690	0.1103
0.052	187.2	1.836	3.633	0.2883	0.1182
0.054	194.4	1.907	3.772	0.3083	0.1264
0.056	201.6	1.978	3.912	0.3290	0.1349
0.058	208.8	2.048	4.052	0.3504	0.1436
0.060	216.0	2.119	4.192	0.3724	0.1526
0.062	223.2	2.190	4.331	0.3948	0.1618
0.064	230.4	2.260	4.471	0.4182	0.1714
0.066	237.6	2.331	4.611	0.4423	0.1813
0.068	244.8	2.402	4.751	0.4670	0.1914
0.070	252.0	2.472	4.890	0.4923	0.2018
0.072	259.2	2.543	5.030	0.5180	0.2123
0.074	266.4	2.643	5.170	0.5448	0.2233
0.076	273.6	2.684	5.309	0.5723	0.2346
0.078	280.8	2.755	5.449	0.6002	0.2460
0.080	288.0	2.825	5.589	0.6295	0.2581
0.090	324.0	3.179	6.287	0.7810	0.3202
0.100	360.0	3.532	6.986	0.9505	0.3897
0.110	396.0	3.885	7.685	1.1364	0.4659
0.120	432.0	4.238	8.384	1.3388	0.5489

Diamètre = 0^m.150.   Section = 0^m.017671.   Coefficient a = 0^m.000440.   Coefficient b = 0^m.000430.

VOLUMES écoulés en mètres cubes. par 1".	par heure.	VOLUMES en pieds cubes anglais par 1".	VITESSES moyennes en mètres par 1".	PERTES DE CHARGE pour 1000^m de largeur en mètres de hauteur d'eau. AIR.	GAZ.
0.001	3.5	0.035	0.056	0.0009	0.0004
0.002	7.2	0.071	0.113	0.0019	0.0008
0.003	10.8	0.106	0.169	0.0029	0.0012
0.004	14.4	0.141	0.226	0.0040	0.0016
0.005	18.0	0.176	0.282	0.0054	0.0022
0.006	21.6	0.212	0.339	0.0068	0.0028
0.007	25.2	0.247	0.396	0.0083	0.0034
0.008	28.8	0.282	0.452	0.0098	0.0040
0.009	32.4	0.318	0.509	0.0114	0.0046
0.010	36.0	0.353	0.565	0.0132	0.0054
0.011	39.6	0.388	0.622	0.0151	0.0062
0.012	43.2	0.424	0.679	0.0171	0.0070
0.013	46.8	0.459	0.735	0.0191	0.0078
0.014	50.4	0.494	0.792	0.0212	0.0088
0.015	54.0	0.530	0.848	0.0234	0.0096
0.016	57.6	0.565	0.905	0.0258	0.0106
0.017	61.2	0.600	0.962	0.0283	0.0110
0.018	64.8	0.636	1.018	0.0307	0.0125
0.019	68.4	0.671	1.075	0.0334	0.0137
0.020	72.0	0.706	1.132	0.0361	0.0148
0.022	79.2	0.777	1.245	0.0418	0.0171
0.024	86.4	0.848	1.358	0.0484	0.0198
0.026	93.6	0.918	1.471	0.0544	0.0223
0.028	100.8	0.989	1.584	0.0613	0.0251
0.030	108.0	1.059	1.692	0.0682	0.0280
0.032	115.2	1.130	1.811	0.0763	0.0312
0.034	122.4	1.201	1.924	0.0841	0.0344

VOLUMES écoulés en mètres cubes. par 1".	par heure.	VOLUMES en pieds cubes anglais par 1".	VITESSES moyennes en mètres par 1".	PERTES DE CHARGE pour 1000^m de longueur en mètres de hauteur d'eau. AIR.	GAZ.
0.036	129.6	1.271	2.037	0.0927	0.0380
0.038	136.8	1.342	2.150	0.1013	0.0415
0.040	144.0	1.413	2.263	0.1107	0.0453
0.042	152.0	1.483	2.376	0.1203	0.0493
0.044	158.4	1.554	2.490	0.1303	0.0534
0.046	165.6	1.625	2.603	0.1406	0.0576
0.048	172.8	1.695	2.716	0.1513	0.0620
0.050	180	1.766	2.829	0.1624	0.0665
0.055	198	1.942	3.112	0.1919	0.0787
0.060	216	2.119	3.395	0.2238	0.0917
0.065	234	2.296	3.678	0.2580	0.1057
0.070	252	2.472	3.961	0.2947	0.1208
0.075	270	2.649	4.244	0.3338	0.1368
0.080	288	2.825	4.527	0.3754	0.1539
0.085	306	3.002	4.810	0.4191	0.1718
0.090	324	3.179	5.093	0.4656	0.1909
0.095	342	3.355	5.376	0.5141	0.2107
0.100	360	3.532	5.659	0.5651	0.2317
0.105	378	3.708	5.941	0.6181	0.2534
0.110	396	3.885	6.224	0.6744	0.2765
0.115	414	4.061	6.507	0.7327	0.3004
0.120	432	4.238	6.790	0.7934	0.3253
0.125	450	4.415	7.073	0.8564	0.3511
0.130	468	4.591	7.356	0.9219	0.3780
0.140	504	4.944	7.922	1.0602	0.4346
0.150	540	5.298	8.488	1.2080	0.4952
0.160	576	5.651	9.054	1.3654	0.5598

Diamètre = 0m.162. Section = 0m².020612. Coefficient a = 0m.000440. Coefficient b = 0m.000420.

VOLUMES écoulés en mètres cubes.		VOLUMES en pieds cubes anglais	VITESSES moyennes en mètres	PERTES DE CHARGE pour 1000m de longueur en mètres de hauteur d'eau.	
par 1"	par heure.	par 1"	par 1"	AIR.	GAZ.
1	2	3	4	5	6
0.001	3.6	0.035	0.048	0.0006	0.0002
0.002	7.2	0.071	0.097	0.0013	0.0005
0.003	10.8	0.106	.145	0.0021	0.0008
0.004	14.4	0.141	0.194	0.0030	0.0012
0.005	18.0	0.176	0.242	0.0038	0.0015
0.006	21.6	0.212	0.291	0.0049	0.0020
0.007	25.2	0.247	0.339	0.0059	0.0 24
0.008	28.8	0.282	0.388	0.0070	0.0028
0.009	32.4	0.318	0.436	0.0082	0.0033
0.010	36.0	0.353	0.485	0.0094	0.0038
0.011	39.6	0.388	0.533	0.0107	0.0044
0.012	43.2	0.424	0.582	0.0121	0.0049
0.013	46.8	0.459	0.630	0.0135	0.0055
0.014	50.4	0.494	0.679	0.0150	0.0061
0.015	54.0	0.530	0.727	0.0165	0.0067
0.016	57.6	0.565	0.776	0.0181	0.0074
0.017	61.2	0.600	0.824	0.0197	0.0081
0.018	64.8	0.636	0.873	0.0215	0.0088
0.019	68.4	0.671	0.922	0.0233	0.0095
0.020	72.0	0.706	0.970	0.0252	0.0103
0.022	79.2	0.777	1.067	0.0292	0.0120
0.024	86.4	0.848	1.164	0.0332	0.0136
0.026	98.6	0.918	1.261	0.0377	0.0154
0.028	100.8	0.989	1.358	0.0423	0.0173
0.030	108.0	1.059	1.455	0.0473	0.0194
0.032	115.2	1.130	1.552	0.0524	0.0215
0.034	122.4	1.201	1.649	0.0579	0.0237
0.036	129.6	1.271	1.746	0.0635	0.0260
0.038	136.8	1.342	1.843	0.0694	0.0284
0.040	144.0	1.413	1.940	0.0756	0.0310
0.042	151.2	1.483	2.037	0.0821	0.0336
0.044	158.4	1.554	2.134	0.0887	0.0363
0.046	165.6	1.625	2.231	0.0957	0.0392
0.048	172.8	1.695	2.328	0.1028	0.0421
0.050	180	1.766	2.425	0.1103	0.0452
0.055	198	1.942	2.668	0.1300	0.0533
0.060	216	2.119	2.910	0.1513	0.0620
0.065	234	2.295	3.153	0.1741	0.0714
0.070	252	2.472	3.396	0.1987	0.0814
0.075	270	2.649	3.638	0.2249	0.0922
0.080	288	2.825	3.881	0.2531	0.1037
0.085	306	3.002	4.123	0.2814	0.1153
0.090	324	3.179	4.366	0.3129	0.1283
0.095	342	3.355	4.609	0.3445	0.1412
0.100	360	3.532	4.851	0.3791	0.1554
0.105	378	3.708	5.094	0.4139	0.1697
0.110	396	3.885	5.336	0.4517	0.1852
0.115	414	4.061	5.579	0.4895	0.2007
0.120	432	4.238	5.821	0.5305	0.2175
0.125	450	4.415	6.064	0.5715	0.2343
0.150	540	5.298	7.276	0.8039	0.3286
0.175	630	6.181	8.511	1.0812	0.4433
0.200	720	7.064	9.702	1.3874	0.5688
0.225	810	7.946	10.915	1.7383	0.7127

Diamètre = 0m.189. Section = 0m.028033. Coefficient 'a = 0m.000355. Coefficient b = 0m.000405.

VOLUMES écoulés en mètres cubes.		VOLUMES en pieds cubes anglais par 1"	VITESSES moyennes en mètres par 1"	PERTES DE CHARGE pour 1000m de longueur en mètres de hauteur d'eau.	
par 1"	par heure.			AIR.	GAZ.
1	2	3	4	5	6
0.001	3.6	0.035	0.035	0.0003	0.0001
0.002	7.2	0.071	0.071	0.0007	0.0003
0.003	10.8	0.106	0.107	0.0011	0.0005
0.004	14.4	0.141	0.142	0.0015	0.0006
0.005	18.0	0.176	0.172	0.0020	0.0008
0.006	21.6	0.212	0.214	0.0025	0.0010
0.007	25.2	0.247	0.249	0.0031	0.0013
0.008	28.8	0.282	0.285	0.0036	0.0015
0.009	32.4	0.318	0.321	0.0042	0.0017
0.010	36	0.353	0.356	0.0048	0.0019
0.015	54	0.530	0.534	0.0083	0.0034
0.020	72	0.706	0.713	0.0127	0.0052
0.025	90	0.883	0.891	0.0173	0.0071
0.030	108	1.059	1.069	0.0231	0.0095
0.035	126	1.236	1.247	0.0291	0.0119
0.040	144	1.413	1.425	0.0364	0.0149
0.045	162	1.589	1.604	0.0438	0.0179
0.050	180	1.766	1.782	0.0524	0.0215
0.055	198	1.942	1.920	0.0612	0.0251
0.060	216	2.119	2.138	0.0713	0.0292
0.065	234	2.296	2.318	0.0815	0.0334
0.070	252	2.472	2.495	0.0929	0.0381
0.075	270	2.649	2.673	0.1044	0.0428
0.080	288	2.825	2.851	0.1172	0.0480
0.085	306	3.002	3.029	0.1302	0.0534
0.090	324	3.179	3.208	0.1443	0.0591
0.095	342	3.355	3.386	0.1589	0.0649

VOLUMES écoulés en mètres cubes		VOLUMES en pieds cubes anglais par 1"	VITESSES moyennes en mètres par 1"	PERTES DE CHARGE pour 1000m de longueur en mètres de hauteur d'eau.	
par 1"	par heure.			AIR.	GAZ.
1	2	3	4	5	6
0.100	360	3.532	3.464	0.1742	0.0714
0.105	378	3.708	3.742	0.1903	0.0780
0.110	396	3.885	3.921	0.2071	0.0849
0.115	414	4.061	4.099	0.2248	0.0921
0.120	432	4.238	4.277	0.2427	0.0995
0.125	450	4.415	4.455	0.2615	0.1072
0.130	468	4.591	4.623	0.2810	0.1152
0.135	486	4.768	4.812	0.3016	0.1236
0.140	504	4.944	4.990	0.3223	0.1321
0.145	522	5.121	5.168	0.3442	0.1411
0.150	540	5.298	5.346	0.3662	0.1501
0.155	558	5.474	5.525	0.3894	0.1596
0.160	576	4.651	5.703	0.4130	0.1693
0.165	594	5.827	5.881	0.4376	0.1794
0.170	612	6.004	6.059	0.4626	0.1896
0.175	630	6.181	6.237	0.4886	0.2003
0.180	648	6.357	6.416	0.5150	0.2111
0.185	666	6.534	6.594	0.5423	0.2223
0.190	684	6.710	6.772	0.5701	0.2337
0.195	702	6.887	6.950	0.5987	0.2454
0.200	720	7.064	7.129	0.6282	0.2575
0.210	756	7.417	7.484	0.6887	0.2823
0.220	792	7.770	7.842	0.7525	0.3085
0.230	828	8.123	8.198	0.8187	0.3356
0.240	864	8.476	8.554	0.8878	0.3640
0.250	900	8.829	8.910	0.9555	0.3917
0.260	936	9.183	9.266	1.0343	0.4240

Diamètre = 0ᵐ.200.   Section = 0ᵐ².031416.   Coefficient a = 0ᵐ.000330.   Coefficient b = 0.000395.

VOLUMES écoulés en mètres cubes		VOLUMES en pieds cubes anglais par 1".	VITESSES moyennes en mètres par 1".	PERTES DE CHARGE pour 1000ᵐ de longueur en mètres de hauteur d'eau.	
par 1".	par heure.			AIR.	GAZ.
1	2	3	4	5	6
0.001	3.6	0.035	0.032	0.0003	0.0001
0.002	7.2	0.071	0.063	0.0005	0.0002
0.003	10.8	0.106	0.095	0.0009	0.0004
0.004	14.4	0.141	0.127	0.0012	0.0005
0.005	18.0	0.176	0.159	0.0015	0.0006
0.006	21.6	0.212	0.191	0.0019	0.0008
0.007	25.2	0.247	0.223	0.0023	0.0009
0.008	28.8	0.282	0.254	0.0028	0.0011
0.009	32.4	0.318	0.286	0.0032	0.0013
0.010	36	0.353	0.318	0.0037	0.0015
0.015	54	0.530	0.477	0.0063	0.0026
0.020	72	0.706	0.636	0.0094	0.0038
0.025	90	0.883	0.795	0.0130	0.0053
0.030	108	1.059	0.954	0.0172	0.0070
0.035	126	1.236	1.114	0.0219	0.0090
0.040	144	1.413	1.273	0.0270	0.0110
0.045	162	1.589	1.432	0.0326	0.0133
0.050	180	1.766	1.591	0.0388	0.0159
0.055	198	1.942	1.750	0.0455	0.0186
0.060	216	2.119	1.911	0.0527	0.0216
0.065	234	2.296	2.069	0.0604	0.0247
0.070	252	2.472	2.228	0.0685	0.0281
0.075	270	2.649	2.387	0.0773	0.0317
0.080	288	2.825	2.547	0.0864	0.0354
0.085	306	3.002	2.706	0.0962	0.0394
0.090	324	3.179	2.865	0.1064	0.0436
0.095	342	3.355	3.024	0.1171	0.0480

VOLUMES écoulés en mètres cubes		VOLUMES en pieds cubes anglais par 1".	VITESSES moyennes en mètres par 1".	PERTES DE CHARGE pour 1000ᵐ de longueur en mètres de hauteur d'eau.	
par 1".	par heure.			AIR.	GAZ.
1	2	3	4	5	6
0.100	360	3.532	3.183	0.1283	0.0526
0.105	378	3.708	3.343	0.1401	0.0574
0.110	396	3.885	3.502	0.1524	0.0625
0.115	414	4.061	3.661	0.1652	0.0677
0.120	432	4.238	3.823	0.1786	0.0732
0.125	450	4.415	3.978	0.1922	0.0788
0.130	468	4.591	4.138	0.2064	0.0846
0.135	486	4.768	4.298	0.2212	0.0907
0.140	504	4.944	4.457	0.2365	0.0970
0.145	522	5.121	4.616	0.2521	0.1033
0.150	540	5.298	4.774	0.2685	0.1100
0.155	558	5.474	4.935	0.2854	0.1170
0.160	576	5.651	5.094	0.3027	0.1241
0.165	594	5.827	5.253	0.3205	0.1314
0.170	612	6.004	5.412	0.3389	0.1389
0.175	630	6.181	5.570	0.3577	0.1466
0.180	648	6.257	5.731	0.3771	0.1546
0.185	666	6.534	5.890	0.3969	0.1627
0.190	684	6.710	6.049	0.4174	0.1711
0.195	702	6.887	6.208	0.4371	0.1792
0.200	720	7.064	6.366	0.4594	0.1883
0.210	756	7.417	6.686	0.5039	0.2066
0.220	792	7.770	7.004	0.5501	0.2255
0.230	828	8.123	7.322	0.5983	0.2453
0.240	864	8.476	7.646	0.6496	0.2663
0.250	900	8.829	7.956	0.7006	0.2872
0.260	936	9.183	8.276	0.7543	0.3092

Diamètre = 0m.216.   Section = 0m².036644.   Coefficient a = 0m.000300.   Coefficient b = 0m.000382.

VOLUMES écoulés en mètres cubes		VOLUMES en pieds cubes anglais	VITESSES moyennes en mètres	PERTES DE CHARGE pour 1000m de longueur en mètres de hauteur d'eau.	
par 1"	par heure.	par 1"	par 1"	AIR.	GAZ.
1	2	3	4	5	6
0.001	3.6	0.035	0.027	0.0002	0.0001
0.002	7.2	0.071	0.054	0.0004	0.0002
0.003	10.8	0.106	0.081	0.0006	0.0003
0.004	14.4	0.141	0.109	0.0009	0.0004
0.005	18.0	0.176	0.136	0.0011	0.0005
0.006	21.6	0.212	0.163	0.0014	0.0006
0.007	25.2	0.247	0.191	0.0017	0.0007
0.008	28.8	0.282	0.218	0.0020	0.0008
0.009	32.4	0.318	0.245	0.0023	0.0009
0.010	36	0.353	0.273	0.0026	0.0011
0.015	54	0.530	0.409	0.0045	0.0018
0.020	72	0.706	0.545	0.0065	0.0026
0.025	90	0.883	0.682	0.0090	0.0037
0.030	108	1.059	0.818	0.0119	0.0049
0.035	126	1.236	0.955	0.0150	0.0061
0.040	144	1.413	1.091	0.0185	0.0076
0.045	162	1.589	1.228	0.0223	0.0091
0.050	180	1.766	1.364	0.0265	0.0108
0.055	198	1.942	1.500	0.0310	0.0127
0.060	216	2.119	1.637	0.0359	0.0147
0.065	234	2.296	1.873	0.0410	0.0168
0.070	252	2.472	1.910	0.0465	0.0190
0.075	270	2.649	2.046	0.0523	0.0214
0.080	288	2.825	2.183	0.0586	0.0240
0.085	306	3.002	2.319	0.0650	0.0266
0.090	324	3.179	2.456	0.0718	0.0294
0.095	342	3.355	2.592	0.0791	0.0324

VOLUMES écoulés en mètres cubes.		VOLUMES en pieds cubes anglais	VITESSES moyennes en mètres	PERTES DE CHARGE pour 1000m de largeur en mètres de hauteur d'eau.	
par 1"	par heure.	par 1"	par 1"	AIR.	GAZ.
1	2	3	4	5	6
0.100	360	3.532	2.729	0.0866	0.0355
0.105	378	3.708	2.865	0.0945	0.0387
0.110	396	3.885	3.001	0.1026	0.0410
0.115	414	4.061	3.138	0.1112	0.0456
0.120	432	4.238	3.274	0.1200	0.0492
0.125	450	4.415	3.411	0.1293	0.0530
0.130	468	4.591	3.547	0.1387	0.0568
0.135	486	4.768	3.684	0.1486	0.0609
0.140	504	4.944	3.820	0.1588	0.0651
0.145	522	5.121	3.957	0.1695	0.0695
0.150	540	5.298	4.093	0.1802	0.0739
0.155	558	5.474	4.230	0.1915	0.0785
0.160	576	5.651	4.366	0.2029	0.0832
0.165	594	5.827	4.502	0.2149	0.0881
0.170	612	6.004	4.639	0.2270	0.0930
0.175	630	6.181	4.775	0.2397	0.0983
0.180	648	6.357	4.912	0.2525	0.1035
0.185	666	6.534	5.048	0.2659	0.1090
0.190	684	6.710	5.185	0.2793	0.1145
0.195	702	6.887	5.321	0.2933	0.1202
0.200	720	7.064	5.458	0.3073	0.1260
0.220	792	7.770	6.002	0.3674	0.1506
0.240	864	8.476	6.548	0.4330	0.1776
0.260	936	9.183	7.094	0.5040	0.2066
0.280	1008	9.889	7.640	0.5803	0.2379
0.300	1080	10.595	8.186	0.6620	0.2714
0.320	1152	11.302	8.732	0.7491	0.3071

Diamètre = 0m.243. Section = 0m².046377. Coefficient a = 0m.000257. Coefficient b = 0m.000362.

VOLUMES écoulés en mètres cubes.		VOLUMES en pieds cubes anglais par 1".	VITESSES moyennes en mètres par 1".	PERTES DE CHARGE pour 1000m de longueur en mètres de hauteur d'eau.	
par 1".	par heure.			AIR.	GAZ.
1	2	3	4	5	6
0.005	18	0.176	0.108	0.0007	0.0003
0.010	36	0.353	0.216	0.0015	0.0006
0.015	54	0.530	0.323	0.0025	0.0010
0.020	72	0.706	0.431	0.0038	0.0015
0.025	90	0.883	0.539	0.0052	0.0021
0.030	108	1.059	0.647	0.0068	0.0028
0.035	126	1.236	0.754	0.0085	0.0034
0.040	144	1.413	0.862	0.0105	0.0043
0.045	162	1.589	0.970	0.0125	0.0051
0.050	180	1.766	1.078	0.0149	0.0061
0.055	198	1.942	1.186	0.0173	0.0071
0.060	216	2.119	1.293	0.0190	0.0082
0.065	234	2.296	1.403	0.0228	0.0094
0.070	252	2.472	1.509	0.0258	0.0105
0.075	270	2.649	1.617	0.0290	0.0119
0.080	288	2.825	1.725	0.0323	0.0132
0.085	306	3.002	1.833	0.0358	0.0147
0.090	324	3.179	1.940	0.0396	0.0162
0.095	342	3.355	2.048	0.0435	0.0178
0.100	360	3.532	2.156	0.0476	0.0185
0.105	378	3.708	2.264	0.0519	0.0213
0.110	396	3.885	2.372	0.0563	0.0231
0.115	414	4.061	2.479	0.0609	0.0250
0.120	432	4.238	2.587	0.0657	0.0269
0.125	450	4.415	2.695	0.0707	0.0290
0.130	468	4.591	2.803	0.0759	0.0311
0.135	486	4.768	2.911	0.0812	0.0333
0.140	504	4.944	3.018	0.0867	0.0355
0.145	522	5.121	3.126	0.0923	0.0376
0.150	540	5.298	3.234	0.0982	0.0402
0.155	558	5.474	3.342	0.1044	0.0426
0.160	576	5.651	3.450	0.1105	0.0450
0.165	594	5.827	3.557	0.1170	0.0480
0.170	612	6.004	3.665	0.1235	0.0506
0.175	630	6.181	3.773	0.1303	0.0534
0.180	648	6.357	3.881	0.1372	0.0562
0.185	666	6.534	3.989	0.1444	0.0592
0.190	684	6.710	4.097	0.1517	0.0622
0.195	702	6.887	4.204	0.1592	0.0652
0.200	720	7.064	4.312	0.1668	0.0684
0.210	756	7.417	4.528	0.1827	0.0746
0.220	792	7.770	4.744	0.1993	0.0817
0.230	828	8.123	4.959	0.2166	0.0888
0.240	864	8.476	5.175	0.2346	0.0962
0.250	900	8.829	5.390	0.2534	0.1039
0.260	936	9.183	5.606	0.2728	0.1118
0.270	972	9.536	5.822	0.2930	0.1201
0.280	1008	9.889	6.037	0.3138	0.1286
0.290	1044	10.242	6.253	0.3354	0.1375
0.300	1080	10.595	6.468	0.3576	0.1466
0.350	1260	12.361	7.546	0.4799	0.1967
0.400	1440	14.127	8.624	0.6200	0.2542
0.450	1620	15.893	9.700	0.7777	0.3196
0.500	1800	17.659	10.780	0.9540	0.3911

Diamètre = 0m.250. Section = 0m².049087. Coefficient a = 0m.000240. Coefficient b = 0m.000360.

VOLUMES écoulés en mètres cubes.		VOLUMES en pieds cubes anglais par 1"	VITESSES moyennes en mètres par 1"	PERTES DE CHARGE pour 1000m de longueur en mètres de hauteur d'eau.	
par 1"	par heure.			AIR.	GAZ.
1	2	3	4	5	6
0.005	18	0.176	0.101	0.0005	0.0002
0.010	36	0.353	0.203	0.0013	0.0005
0.015	54	0.530	0.305	0.0022	0.0009
0.020	72	0.706	0.407	0.0032	0.0013
0.025	90	0.883	0.509	0.0044	0.0018
0.030	108	1.059	0.611	0.0057	0.0023
0.035	126	1.236	0.713	0.0073	0.0030
0.040	144	1.413	0.814	0.0089	0.0036
0.045	162	1.589	0.916	0.0108	0.0044
0.050	180	1.766	1.018	0.0127	0.0052
0.055	198	1.942	1.120	0.0149	0.0061
0.060	216	2.119	1.222	0.0171	0.0070
0.065	234	2.296	1.324	0.0195	0.0080
0.070	252	2.472	1.426	0.0221	0.0091
0.075	270	2.649	1.527	0.0249	0.0102
0.080	288	2.825	1.629	0.0277	0.0114
0.085	306	3.002	1.731	0.0308	0.0126
0.090	324	3.179	1.833	0.0340	0.0139
0.095	342	3.355	1.935	0.0374	0.0154
0.100	360	3.532	2.037	0.0409	0.0168
0.105	378	3.708	2.139	0.0445	0.0182
0.110	396	3.885	2.240	0.0483	0.0199
0.115	414	4.061	2.342	0.0523	0.0214
0.120	432	4.238	2.444	0.0564	0.0231
0.125	450	4.415	2.546	0.0607	0.0247
0.130	468	4.591	2.648	0.0651	0.0267
0.135	486	4.768	2.750	0.0696	0.0285

VOLUMES écoulés en mètres cubes.		VOLUMES en pieds cubes anglais par 1"	VITESSES moyennes en mètres par 1"	PERTES DE CHARGE pour 1000m de longueur en mètres de hauteur d'eau.	
par 1"	par heure.			AIR.	GAZ.
1	2	3	4	5	6
0.140	504	4.944	2.952	0.0744	0.0305
0.145	522	5.121	2.953	0.0793	0.0325
0.150	540	5.298	3.055	0.0848	0.0347
0.155	558	5.474	3.157	0.0895	0.0367
0.160	576	5.651	3.259	0.0949	0.0389
0.165	594	5.827	3.361	0.1006	0.0412
0.170	612	6.004	3.463	0.1060	0.0434
0.175	630	6.181	3.565	0.1116	0.0457
0.180	648	6.357	3.666	0.1178	0.0483
0.185	666	6.534	3.768	0.1237	0.0507
0.190	684	6.710	3.870	0.1302	0.0533
0.195	702	6.887	3.972	0.1366	0.0560
0.200	720	7.064	4.074	0.1432	0.0587
0.210	756	7.417	4.278	0.1568	0.0643
0.220	792	7.770	4.481	0.1710	0.0701
0.230	828	8.123	4.685	0.1858	0.0761
0.240	864	8.476	4.889	0.2013	0.0825
0.250	900	8.829	5.092	0.2173	0.0891
0.260	936	9.183	5.296	0.2340	0.0959
0.270	972	9.536	5.500	0.2513	0.1030
0.280	1008	9.889	5.704	0.2693	0.1104
0.290	1044	10.242	5.907	0.2878	0.1180
0.300	1080	10.595	6.111	0.3069	0.1258
0.350	1260	13.361	7.130	0.4118	0.1688
0.400	1440	14.127	8.148	0.5320	0.2181
0.450	1620	15.893	9.165	0.6674	0.2736
0.500	1800	17.659	10.184	0.8184	0.3355

Diamètre = 0m.270. Section = 0m².057236. Coefficient a = 0m.000215. Coefficient b = 0m.000350.

VOLUMES écoulés en mètres cubes.		VOLUMES en pieds cubes anglais par 1".	VITESSES moyennes en mètres par 1".	PERTES DE CHARGE pour 1000mm de longueur. en mètre de hauteur d'eau.	
par 1"	par heure.			AIR.	GAZ.
1	2	3	4	5	6
0.005	18	0.176	0.087	0.0004	0.0001
0.010	36	0.353	0.174	0.0009	0.0004
0.015	54	0.530	0.262	0.0014	0.0006
0.020	72	0.706	0.349	0.0022	0.0009
0.025	90	0.883	0.436	0.0030	0.0012
0.030	108	1.059	0.524	0.0040	0.0016
0.035	126	1.236	0.611	0.0050	0.0020
0.040	144	1.413	0.698	0.0061	0.0025
0.045	162	1.589	0.786	0.0073	0.0030
0.050	180	1.766	0.873	0.0087	0.0035
0.055	198	1.942	0.960	0.0101	0.0041
0.060	216	2.119	1.048	0.0117	0.0048
0.065	234	2.296	1.135	0.0133	0.0054
0.070	252	2.472	1.222	0.0155	0.0063
0.075	270	2.649	1.310	0.0168	0.0069
0.080	288	2.825	1.397	0.0193	0.0079
0.085	306	3.002	1.484	0.0208	0.0086
0.090	324	3.179	1.572	0.0230	0.0094
0.095	342	3.355	1.659	0.0252	0.0104
0.100	360	3.532	1.746	0.0276	0.0113
0.105	378	3.705	1.834	0.0300	0.0123
0.110	396	3.885	1.921	0.0326	0.0133
0.115	414	4.061	2.008	0.0352	0.0144
0.120	432	4.238	2.096	0.0379	0.0155
0.125	450	4.415	2.183	0.0408	0.0168
0.130	468	4.591	2.270	0.0438	0.0180
0.135	486	4.768	2.357	0.0469	0.0192

VOLUMES écoulés en mètres cubes.		VOLUMES en pieds cubes anglais par 1".	VITESSES moyennes en mètres par 1".	PERTES DE CHARGE pour 1000m de longueur en mètre de hauteur d'eau.	
par 1".	par heure.			AIR.	GAZ.
1	2	3	4	5	6
0.140	504	4.944	2.445	0.0500	0.0205
0.145	522	5.121	2.532	0.0533	0.0217
0.150	540	5.298	2.620	0.0566	0.0233
0.155	558	5.474	2.707	0.0602	0.0247
0.160	576	5.651	2.794	0.0637	0.0261
0.165	594	5.827	2.881	0.0674	0.0276
0.170	612	6.004	2.969	0.0711	0.0291
0.175	630	6.181	3.056	0.0751	0.0308
0.180	648	6.357	3.144	0.0790	0.0323
0.185	666	6.534	3.231	0.0831	0.0340
0.190	684	6.710	3.318	0.0873	0.0357
0.195	702	6.887	3.406	0.0917	0.0376
0.200	720	7.084	3.493	0.0960	0.0393
0.210	756	7.417	3.667	0.1051	0.0431
0.220	792	7.770	3.842	0.1116	0.0470
0.230	828	8.123	4.017	0.1225	0.0510
0.240	864	8.476	4.191	0.1351	0.0554
0.250	900	8.829	4.366	0.1456	0.0596
0.260	936	9.183	4.541	0.1566	0.0642
0.270	972	9.536	4.715	0.1682	0.0690
0.280	1008	9.889	4.889	0.1801	0.0738
0.290	1044	10.242	5.065	0.1926	0.0790
0.300	1080	10.595	5.239	0.2054	0.0842
0.350	1260	12.361	6.112	0.2753	0.1128
0.400	1440	14.127	6.986	0.3556	0.1458
0.450	1620	15.893	7.859	0.4460	0.1829
0.500	1800	17.659	8.732	0.5466	0.2241

Diamètre = 0m.300.   Section = 0mq.70686.   Coefficient a = 0m.000180.   Coefficient b = 0m.000332.

VOLUMES écoulés en mètres cubes		VOLUMES en pieds cubes anglais par 1"	VITESSES moyennes en mètres par 1"	PERTES DE CHARGE pour 1000m de longueur en mètres de hauteur d'eau.	
par 1"	par heure.			AIR.	GAZ.
1	2	3	4	5	6
0.010	36	0.353	0.141	0.0004	0.0001
0.015	54	0.530	0.212	0.0009	0.0004
0.020	72	0.706	0.283	0.0013	0.0005
0.025	90	0.883	0.353	0.0018	0.0007
0.030	108	1.059	0.424	0.0023	0.0009
0.035	126	1.236	0.495	0.0029	0.0012
0.040	144	1.413	0.565	0.0036	0.0015
0.045	162	1.589	0.636	0.0042	0.0017
0.050	180	1.766	0.707	0.0050	0.0020
0.055	198	1.942	0.778	0.0058	0.0024
0.060	216	2.119	0.849	0.0067	0.0027
0.065	234	2.296	0.919	0.0076	0.0031
0.070	252	2.472	0.990	0.0086	0.0035
0.075	270	2.649	1.061	0.0097	0.0039
0.080	288	2.825	1.131	0.0108	0.0044
0.085	306	3.002	1.202	0.0120	0.0049
0.090	324	3.179	1.273	0.0132	0.0054
0.095	342	3.355	1.344	0.0144	0.0059
0.100	360	3.532	1.414	0.0157	0.0064
0.105	378	3.705	1.485	0.0171	0.0070
0.110	396	3.885	1.556	0.0186	0.0076
0.115	414	4.061	1.627	0.0201	0.0082
0.120	432	4.238	1.697	0.0216	0.0088
0.125	450	4.415	1.768	0.0233	0.0095
0.130	468	4.591	1.839	0.0250	0.0102
0.135	486	4.768	1.910	0.0267	0.0109
0.140	504	4.944	1.980	0.0285	0.0117

VOLUMES écoulés en mètres cubes		VOLUMES en pieds cubes anglais par 1"	VITESSES moyennes en mètres par 1"	PERTES DE CHARGE pour 1000m de longueur en mètres de hauteur d'eau.	
par 1"	par heure.			AIR.	GAZ.
1	2	3	4	5	6
0.145	522	5.121	2.051	0.0303	0.0124
0.150	540	5.298	2.122	0.0322	0.0132
0.155	558	5.474	2.192	0.0342	0.0140
0.160	576	5.651	2.263	0.0362	0.0148
0.165	594	5.827	2.334	0.0383	0.0157
0.170	612	6.004	2.405	0.0404	0.0165
0.175	630	6.181	2.475	0.0426	0.0175
0.180	648	6.357	2.546	0.0448	0.0183
0.185	666	6.534	2.617	0.0471	0.0193
0.190	684	6.710	2.688	0.0495	0.0203
0.195	702	6.887	2.758	0.0519	0.0212
0.200	720	7.064	2.829	0.0543	0.0222
0.210	756	7.417	2.970	0.0595	0.0244
0.220	792	7.770	3.112	0.0648	0.0265
0.230	828	8.123	3.254	0.0704	0.0288
0.240	864	8.476	3.394	0.0761	0.0312
0.250	900	8.829	3.536	0.0819	0.0335
0.260	936	9.183	3.678	0.0885	0.0363
0.270	972	9.536	3.820	0.0949	0.0389
0.280	1008	9.889	3.960	0.1016	0.0416
0.290	1044	10.242	4.102	0.1084	0.0444
0.300	1080	10.595	4.244	0.1157	0.0474
0.400	1440	14.127	5.658	0.1998	0.0819
0.450	1620	15.893	6.360	0.2501	0.1025
0.500	1800	17.659	7.073	0.3060	0.1258
0.550	1980	19.425	7.780	0.3691	0.1513
0.600	2160	21.191	8.488	0.4370	0.1791

Diamètre = 0m.323.   Section = 0m².082958.   Coefficient a = 0m.000151.

VOLUMES écoulés en mètres cubes		VOLUMES en pieds cubes anglais	VITESSES moyennes en mètres	PERTES DE CHARGE pour 1000m de longueur en mètres de hauteur d'eau.	
par 1"	par heure.	par 1"	par 1"	AIR.	GAZ.
1	2	3	4	5	6
0.010	36	0.353	0.120	0.0003	0.0001
0.020	72	0.706	0.241	0.0009	0.0003
0.030	108	1.050	0.361	0.0015	0.0006
0.040	144	1.413	0.482	0.0024	0.0010
0.050	180	1.766	0.602	0.0033	0.0013
0.060	216	2.119	0.723	0.0045	0.0018
0.070	252	2.472	0.844	0.0057	0.0023
0.080	288	2.825	0.964	0.0072	0.0029
0.090	324	3.179	1.085	0.0087	0.0036
0.100	360	3.532	1.205	0.0104	0.0042
0.110	396	3.885	1.326	0.0122	0.0050
0.120	432	4.238	1.446	0.0143	0.0058
0.130	468	4.591	1.567	0.0165	0.0067
0.140	504	4.944	1.657	0.0189	0.0077
0.150	540	5.298	1.808	0.0213	0.0087
0.160	576	5.651	1.928	0.0240	0.0098
0.170	612	6.004	2.049	0.0267	0.0109
0.180	648	6.357	2.169	0.0297	0.0122
0.190	684	6.710	2.290	0.0327	0.0134
0.200	720	7.064	2.411	0.0360	0.0148
0.210	756	7.417	2.531	0.0393	0.0161
0.220	792	7.770	2.652	0.0429	0.0174
0.230	828	8.123	2.772	0.0466	0.0190
0.240	864	8.476	2.893	0.0502	0.0206
0.250	900	8.829	3.013	0.0544	0.0223
0.260	936	9.183	3.134	0.0586	0.0240
0.270	972	9.536	3.254	0.0628	0.0257

Coefficient b = 0m.000326.

VOLUMES écoulés en mètres cubes		VOLUMES en pieds cubes anglais	VITESSES moyennes en mètres	PERTES DE CHARGE pour 1000m de longueur en mètres de hauteur d'eau.	
par 1"	par heure.	par 1"	par 1"	AIR.	GAZ.
1	2	3	4	5	6
0.280	1008	9.889	3.374	0.0673	0.0276
0.290	1044	10.242	3.496	0.0719	0.0295
0.300	1080	10.595	3.616	0.0767	0.0314
0.310	1116	10.949	3.737	0.0815	0.0334
0.320	1152	11.302	3.856	0.0866	0.0355
0.330	1188	11.655	3.978	0.0918	0.0376
0.340	1224	12.008	4.098	0.0972	0.0398
0.350	1260	12.361	4.219	0.1026	0.0420
0.360	1296	12.714	4.338	0.1083	0.0444
0.370	1332	13.068	4.460	0.1141	0.0468
0.380	1368	13.421	4.580	0.1201	0.0492
0.390	1404	13.774	4.700	0.1261	0.0517
0.400	1440	14.127	4.821	0.1324	0.0543
0.410	1476	14.480	4.942	0.1388	0.0569
0.420	1512	14.834	5.063	0.1454	0.0596
0.430	1548	15.187	5.183	0.1521	0.0624
0.440	1584	15.540	5.304	0.1590	0.0652
0.450	1620	15.893	5.424	0.1659	0.0680
0.460	1656	16.246	5.545	0.1731	0.0709
0.470	1692	16.599	5.665	0.1804	0.0737
0.480	1728	16.953	5.786	0.1879	0.0770
0.490	1764	17.306	5.906	0.1955	0.0801
0.500	1800	17.659	6.027	0.2033	0.0833
0.550	1980	19.425	6.630	0.2444	0.1002
0.600	2160	21.191	7.232	0.2892	0.1082
0.650	2340	22.957	7.835	0.3380	0.1385
0.700	2520	24.723	8.438	0.3904	0.1609

Paris. — Imp. P.-A. Bourdier, Capiomont fils et Cie, rue des Poitevins, 6.

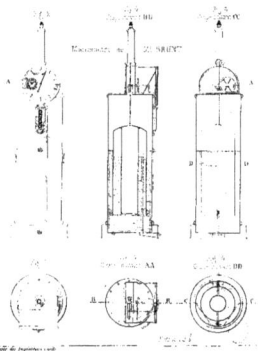

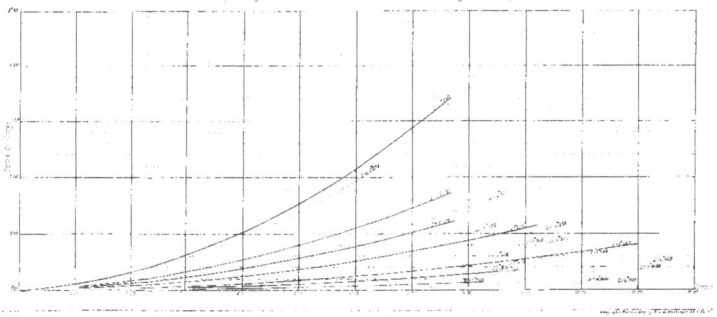

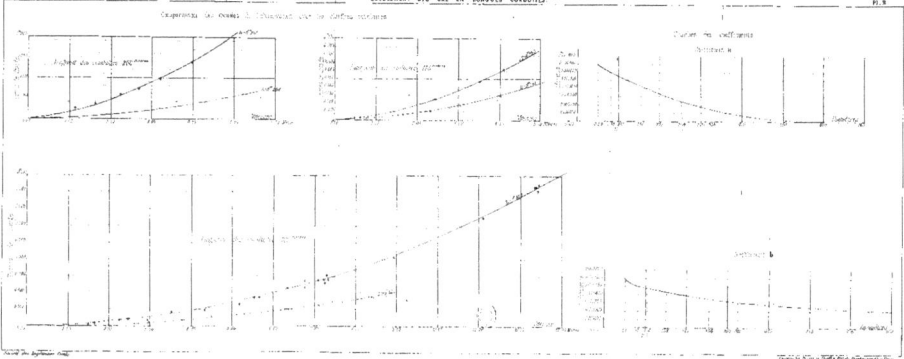